UN UNIVERSO DI GALASSIE

ALLE FRONTIERE DEL COSMO

星系宇宙

UN UNIVERSO DI GALASSIE

［意］詹卢卡·兰齐尼 — 主编

［意］马西米利亚诺·拉扎诺 — 著

李晓东　胡平平 — 译

SPM 南方传媒　广东人民出版社
·广州·

图书在版编目（CIP）数据

星系宇宙 /（意）马西米利亚诺·拉扎诺著；李晓东，胡平平译.—广州：广东人民出版社，2023.7

ISBN 978-7-218-16508-0

Ⅰ.①星…　Ⅱ.①马…②李…③胡…　Ⅲ.①宇宙—儿童读物　Ⅳ.①P159-49

中国国家版本馆CIP数据核字（2023）第056816号

XINGXI YUZHOU
星系宇宙

［意］马西米利亚诺·拉扎诺　著　李晓东　胡平平　译　　　版权所有　翻印必究

出 版 人：肖风华

责任编辑：王庆芳　方楚君　杨言妮
责任技编：吴彦斌　周星奎
特约编审：单蕾蕾

出版发行：广东人民出版社
地　　址：广州市越秀区大沙头四马路10号（邮政编码：510199）
电　　话：（020）85716809（总编室）
传　　真：（020）83289585
网　　址：http://www.gdpph.com
印　　刷：北京尚唐印刷包装有限公司
开　　本：889毫米×1194毫米　　1/16
印　　张：10　　字　数：224千
版　　次：2023年7月第1版
印　　次：2023年7月第1次印刷
定　　价：86.00元

如发现印装质量问题，影响阅读，请与出版社（020-87712513）联系调换。
售书热线：020-87717307

目录

科学是民主的

卢卡·佩里

1920 年 4 月 26 日，在华盛顿特区史密森自然历史博物馆的贝尔德会议厅，美国国家科学院举行了一场大辩论，因为他们深知，人们一直对宇宙究竟是什么存在争议。

辩论的一方是 47 岁的天文学家希伯·柯蒂斯，他来自加利福尼亚利克天文台，短期担任匹兹堡阿勒格尼天文台的台长和太平洋天文学会主席。坐在会场另一侧角落位置的是雄心勃勃的 34 岁天文学家哈罗·沙普利，他来自威尔逊山天文台。

辩论的主题是什么？星系及其范围，或者更确切地说，星系的数量，也就是何为宇宙？

大家是不是感觉摸不着头脑？放轻松，辩论的双方也是如此。

在当时，我们现在所说的星系和星系外天文学的观点并不清楚。大家无须感到惊讶，因为如今我们仍走在探索我们这个星系的路上，而且探索的工具跟当时并无二致。在 19 世纪，占主导地位的许多天文学家们都觉得并希望存在多重宇宙，但到了 20 世纪初，科学家们普遍摒弃了之前的想法，支持这一观点：用世界上最强大的天文望远镜看到的一切物体都隶属于唯一的一个庞大系统。至于是叫它星系还是宇宙，这样的争论毫无意义，因为它们指的都是同一个事物。

然而，也有人不相信单一"宇宙"的存在。希伯·柯蒂斯就是其中之一，他辩称在非常模糊的图像中所呈现的结构，在当时只是被称为旋涡星云，但实际上就是"宇宙岛"[伊曼纽尔·康德（Immanuel Kant）创造了这个词]，并且离我们很远。然而，只有通过确定银河系的范围及这些神秘物体之间的距离，才能找到解决方案。在当时，甚至在今天，这两种测量都是非常复杂的。

在这场后来被称为"大辩论"中，反对柯蒂斯观点的是哈罗·沙普利，他坚信天文学家们把银河系范围至少严重低估了 10 倍，而且胶片上那些模糊的斑点实际上是星系的组成部分。

大辩论当日上午双方分别阐述了自己的观点之后，当晚就天体的距离辩论了一个多小时。事实上，柯蒂斯努力争辩，而沙普利则不然。显然，沙普利此行的目的并不是要分析这串数据、解决这个问题，而是要给来看他比赛的哈佛大学代表团留下一个好印象，以便让他们认可自己完全可以胜任哈佛大学天文台台长这一职位。在沙普利提交的十九页文件中，前六页的内容是定义光年（事实上，大家都同意这个定义），最后三页则向兴趣盎然的人们（比如哈佛大学代表团）展示他发明的用于拍摄暗星的神奇仪器是如何工作的。那么在其余的十页中，为了不展示尚未公开的数据，大部分内容用笔划掉了，他的论点有理有据，让人无可辩驳，对柯蒂斯认为太阳是宇宙岛中心的观点进行了反击。根据沙普利的研究，事实上，被称为球状星团的物体主要集中在人马座的方向上：假设它们均匀地分布在星系周围，那么银河系的中心必位于人马座的方向。接近辩论的尾声，沙普利认为旋涡星云是银河系的一部分。不可思议的是，他忽略了一个事实：旋涡星云的光谱与普通星云的光谱完全不一样。今天，我们把这种或多或少有意识地只选择有利于自己理论的证据，而不考虑反例的做法称为采摘樱桃，即只采摘好的樱桃，不可口的就留在树上。

值得一提的是，沙普利并不是心术不正的伪科学家，恰恰相反，在接下来的几十年里，他致力于支持科学、反对伪科学，及反对科学界的女性歧视，并且取得了颇好的成绩。而且，老实说，他在一些方面的观点是占理的，比如星系中心的假设和银河系范围被低估的事实（虽然银河系范围没有他想的那么大）。年轻的哈罗只是利用媒体的支持找到了一份工作，成功地担任了哈佛大学天文台台长。

那么，这场大辩论赢家是谁？

这取决于不同的评判标准：注意到沙普利悖论的天文学家们说，获胜一方显然是柯蒂斯；但从大部分公众角度来看，沙普利作为赢家当之无愧。迄今为止，美国国家科学院认为，这是一场成果丰硕的、精彩的平局。

我认为，此次事件对于宣传是十分有利的。

几年后，爱德文·哈勃称旋涡星云实际上是其他星系。这一消息传出，沙普利婉言称他同事的工作就是"垃圾科学"。然而，当他收到哈勃的信，看到信中数据的时候，他改变了立场。沙普利给一位同事看了这封信，并说："这封信摧毁了我的宇宙。"

有趣的是，今天人们记住哈勃主要是因为他提出关于星系距离的定律，这与一种叫作谱线"红移"的现象有关。

最近该定律改名为哈勃－勒梅特定律，以纪念比利时神父乔治·勒梅特，他更早认识到星系光的红移是宇宙膨胀的证明。根据他的说法，宇宙的源头一定是原始原子的分裂（那是一个关于放射性发现的时代，乔治对此极其热衷）。在 1927 年的一次会议上，这位神父找到爱因斯坦，并通过烟花和冷却灰烬的比喻，向爱因斯坦阐述了他的想法，但爱因斯坦却小心翼翼地指出这个比利时人的观点"让人生厌"。甚至大家有所耳闻的阿瑟·爱丁顿爵士，也就是勒梅特的导师，也觉得这个想法"令人不寒而栗"。但是几年之内，面对哈勃收集的数据，两位不得不改变了最初的想法。

1933 年，爱因斯坦宣称勒梅特的理论是他听过的宇宙起源解释中说得最好的。

总之，一个人的知名度有多高，他的想法听起来有多怪异，这都不重要。在媒体上如何打好自己的牌也无关紧要，最多只能转移人们对理论研究薄弱点的注意。在科学中，最终占上风的是客观数据。

我们经常听到有人说，科学是不民主的。

说这些话的，既有想要捍卫科学的科学家和研究人员，也有那些想要打压科学的人。但在我看来，任何说这种话的人，无论哪一方，都是错误的。

科学是民主的。

当然不应通过投票来决定事情的意义。正如智慧的皮耶罗·安吉拉所说的那样，"光速不是由大多数人投票决定的"。

然而，这是因为不管一个人简历是否漂亮，是否善于表达，科学允许任何人阐述他们的想法。

之所以如此，是因为尽管有时真理来得很迟，不管媒体或其他科学界已经确认了什么，但科学在想法正确的人面前都是公正的。之所以如此，是因为即便你在某一领域有重要地位，也并不意味着你有权对所有事情发表意见，或者让别人沉默，科学方法只评价有关的理论以及对其有利的证据。

但这正是问题所在：科学允许任何人提出新的想法，但这并不意味着不要遵守规则。

科学方法的规则往往与媒体或者人类思维方式的规则不一致。虽然记者可能有兴趣"听取双方的意见"，但在科学辩论中，这样做不一定有意义。不是因为研究界不存在有差异性的"钟声"（即说法，事实上，有时不止一个），而是因为只有当人们能够很清晰地知道他在说什么时，"钟声"才能响起，否则钟就成了一个摆设。并不是出于暴政，而是因为无论发表意见的人多么权威，科学都是不以言者地位为转移的。另外，也因为在某一知识领域具有权威性，并不会自动地使一个人在知识的每个分支中都无懈可击。说实话，即使是在自己擅长的领域也不能永远正确。因此，要遵循的规则是，任何人都可以发言，前提是所说的话是有理有据的。

提出论点的人要负责拿出支持自己观点的合理证据。事实上，让对方证明对方错了是绝对不正确的。而是我提出了一个新的想法，那就得说服其他科学家相信我所说的正确性。否则，科学界会把时间花在驳斥每个人的论点上，而不是专注于新的研究。如果科学界一旦进行了有关的辩论，随之就能帮助我找到思维中的错误和弱点。

正如2020年11月，一群科学家声称在银河系中心发现了100亿年前与我们相撞的星系的残骸，并提供了这方面的证据，那么他们的想法就会被听取，其假说就会被讨论。这个假说可能会被否定，或者被承认，甚至可能在多年后被纠正，就像我们在 2020 年年底意识到，我们距银河系中心的超大质量黑洞比想象的更接近 2000 光年。但仍要在科学界的能力范围内对其进行分析。

因为尊重几千年的科学发展给我们带来的这种虽不完美但无疑最神奇的民主方法，才是发现宇宙和继续探索星系奥秘的唯一途径。

卢卡·佩里（Luca Perri）

意大利国家天体物理研究所天体物理学家，米兰天文馆讲师。负责利用广播、电视、印刷出版物、文化节以及社交工具等媒体平台进行科普活动。与意大利广播电视公司 Rai 电视台第三频道"乞力马扎罗"栏目、广播电台第二频道、DJ 电台、《24 小时太阳报》电台、《共和报》、科普杂志《焦点》《焦点（青少年版）》、意大利伪科学声明调查委员会、热那亚科技节，以及贝加莫科技节等多家媒体、组织机构、平台均有合作。参与 Rai 电视台文化频道"超级夸克 +"等节目的脚本撰写与主持工作。意大利德阿戈斯蒂尼学校（德阿戈斯蒂尼出版社下属教育机构）签约作家兼培训专员，与西罗尼出版社、德阿戈斯蒂尼出版社以及里佐利出版社等合作，出版有多部科普作品。其中，《太空谣言》一书获 2019 年意大利学生宇宙科普奖。

第一章

在银河两岸

从神话传说到现代科学研究，人类一直努力探索银河系和其他星系的本质。

VEGA

DENEB

上页图 银河悬挂在中国长城之上。这一段长城位于燕山，建于 6 世纪。中国的一些传说都与银河有关。图片来源：Steed Yu 和 NightChina.net。

牛郎第一次见到那个女孩时，震惊得说不出话来。她当时正和姐妹们在河边嬉戏，少年痴痴地看着她，想起了荷花的娇美。她就是美艳绝伦的织女，天帝的孙女，与诸神同居在银河东岸。

那天，女孩降临到银河对岸凡人生活的人间，然而，平常她的日子是在世界各地的天空穿梭于层层叠叠的云层中。

天女织女与牛郎的爱情故事就此展开，牛郎是孤儿，唯一的聘礼是一头老牛。凡人与天女二人的关系，遭到了天帝的严厉反对。因此，在过了几年幸福的婚姻生活之后，女孩被迫回到天堂，离开了她的丈夫和两个小孩。

但牛郎并没有放弃，为了寻找自己的妻子，踏上了天穹星辰的漫漫征途。众

ALTAIR

神被男人的爱意感动，产生了怜悯之情，让这对恋人每年七月初七在银河对岸相见。天黑之际，传说世界上所有的喜鹊都从天而降，在银河上架起一座桥，两个年轻人终于可以在此相拥。在一年其余的时间里，这对不幸的恋人一直在河的两岸，如果我们仔细观察，也可以在夏日的星空中看到他们。织女是天琴座的织女星，而在不远处，我们会看见牵牛星，那颗天空中最亮的星，代表了牛郎。这两颗星被一条贯穿天空的银色河流分开，我们称之为银河系。

织女和牛郎的传说可以追溯到 2600 年前，在中国口口相传，由此诞生了七夕节，这个节日是国外情人节的东方版本。这个神话在日本和韩国等其他亚洲国家也存在，但故事细节有所变化。这个古老的中国传说并不是唯一一个以银河

上图 银河系最美丽的区域位于著名的夏季大三角中，由天鹅座、天琴座、天鹰座（夏季大三角恒星为：天津四、织女星、牛郎星）组成。虽然它不是一个真正的星座，但三角区对于在夏季可见的星星中确定方向是非常有用的。在银河系的这一部分，你可以看到许多星团和星云，以及织女星和牵牛星，在中国的一个古老传说中，这两颗星星代表一对不幸恋人——织女和牛郎。图片来源：A. Fujii。

上图　一幅描绘织女和牛郎这对恋人在银河岸边相会的画作（藏于北京颐和园）。

系为主角的传说。对于美洲印第安人的一些部落来说，它代表了死者前往天堂的"灵魂之路"；在古代北欧传说中，它代表了通往瓦尔哈拉[①]的道路。

新西兰的毛利人认为银河是神话英雄塔玛·雷雷蒂（Tama Rereti）的独木舟，而居住在印度北部的人们则认为它是一条巨大的天蛇。对于古埃及人来说，它象征着天上的尼罗河。

我们看到的高悬于天空中的银河是我们所在的星系中星星最多的部分。它的名字来源于希腊神话，据传说，天空中的那条带子是由赫拉哺乳赫拉克勒斯时从她的乳房漏出的奶滴而形成的。与东方神话中的两个恋人相比，这是一个不那么浪漫的形象，但由于希腊罗马的存在，这个形象得以流传。为了表示银河，希腊人使用了 Gala 这个词，意思是"牛奶"，意大利语"galassia"一词就是由此而来。

今天我们知道，银河带是一个由遥远的、非常微弱的恒星组成的巨大聚集体，但要得出这个结论，需要经过几个世纪的观察和理论推测。在中世纪，情况仍然非常混乱，学者们莫衷一是，正如但丁在《天堂》第十四节中告诉我们的：

由于大小星星点缀的缘故，

---

① 瓦尔哈拉：北欧神话中的天堂之地。——译者注

银河的白芒会在天极间晃闪，

叫大智也为之迷惑糊涂。[①]

然而，当欧洲的智者们怀疑银河是什么的时候，在阿拉伯地区，已经有一些人提出了关于银河的非常新颖的想法。

似尘埃般的星辰

天文学家们不断地观测天空，开始用肉眼识别神秘的白色斑点，这些斑点具有与银河系相同的

---

① 出自香港文学家黄国彬于 2003 年翻译的《神曲》。——译者注

拓展阅读
希腊神话中的银河系

根据希腊神话，银河是宙斯对他的妻子赫拉设计的一个小骗局的结果。其实，众神之父宙斯想照顾小赫拉克勒斯（罗马神话中的赫拉克勒斯），这是他与凡人阿尔克墨涅生下的儿子。

宙斯因此决定将孩子附在赫拉的胸前，这样通过吸吮神圣的乳汁，小孩子就可以长生不老。女神一觉醒来，看到了婴儿，立即将婴儿从自己的胸前推开，几滴乳汁飞溅到天空中，形成了银河。

希腊诗人阿拉图斯·德索力在公元前 3 世纪称那条清晰的带子为 Γαλα（Gala），在希腊语中是"牛奶"的意思。埃拉托色尼向我们讲述了赫拉克勒斯的故事，他在希腊语 Κύκλος Γαλαξίας (Kýklos Galaxías) 中谈到了"牛奶圈"，现代单词"galaxy"就是由此而来。

上图 雅克波·丁托列托的《银河的起源》。这幅画大约作于 1575 至 1580 年之间，现存于伦敦的国家美术馆。

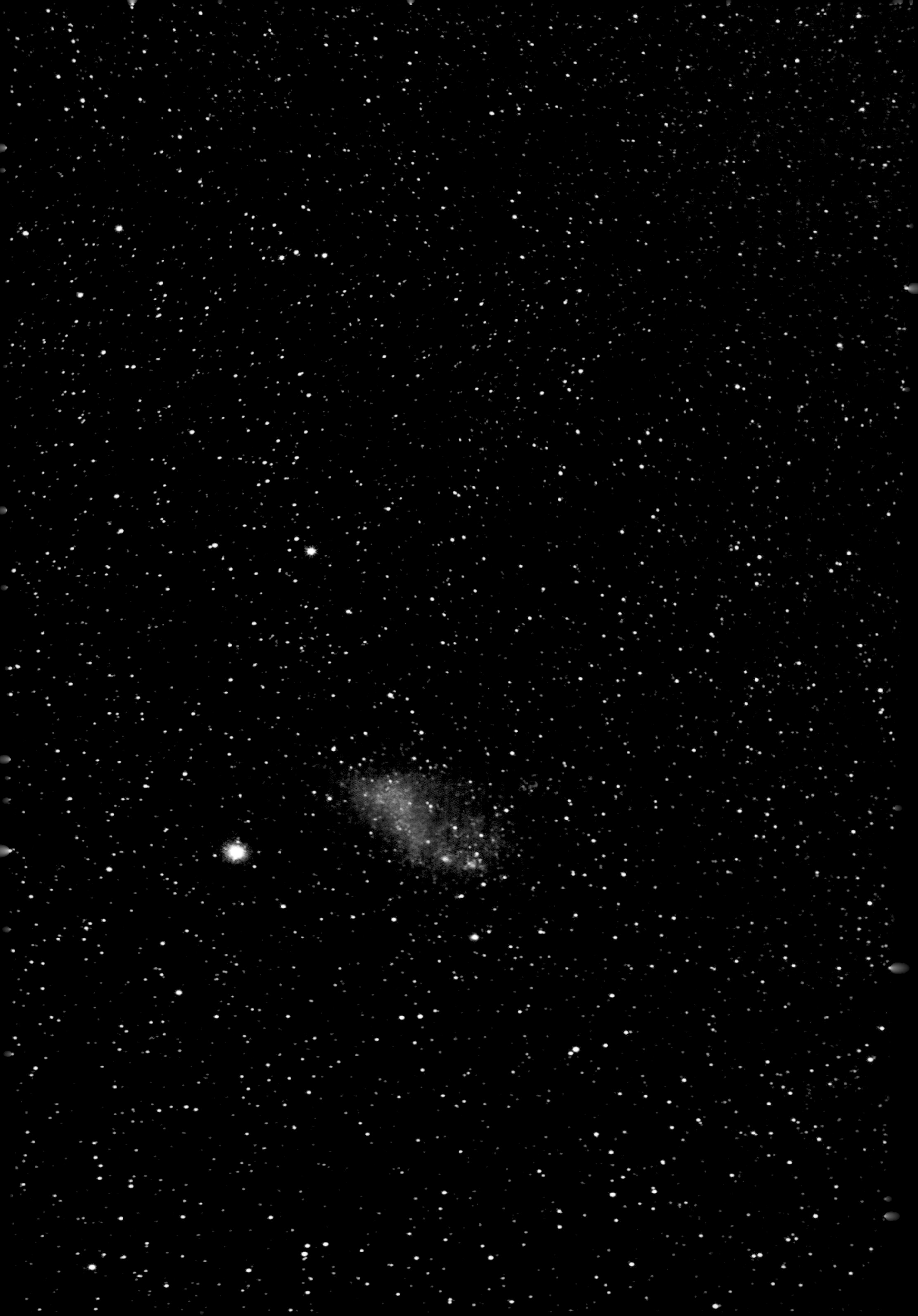

麦哲伦云

      大麦哲伦云和小麦哲伦云是围绕银河系运行的两个不规则星系。它们的名字与探险家费迪南多·麦哲伦（Ferdinando Magellano）有关。参加了葡萄牙航海家进行的第一次环球航行的安东尼奥·皮加费塔（Antonio Pigafetta）于 1521 年在航行期间观察到了它们。它们比银河系小十倍，在星系际尺度上它们离我们非常近。大麦哲伦云"仅"在 163000 光年之外，而小麦哲伦云则更远，为 200000 光年。图片来源：欧洲南方天文台 / 塞尔吉·布鲁尼尔。

现实与科幻之间的星系

"很久以前，在一个遥远的星系中……"谁不知道《星球大战》史诗巨制的著名开场白？从我们的银河系到宇宙最遥远的角落，星系是科幻题材最受欢迎的地点之一。

《星际迷航》的粉丝们对银河系的地图很熟悉，它被划分为不同的区域和象限（我们所处的是阿尔法象限）。在科幻小说的杰作中，我们不能忘记著名的"基地"系列，其中艾萨克·阿西莫夫描述了横跨整个银河系的银河帝国的缓慢衰亡。

艾萨克·阿西莫夫

云雾状外观。在 10 世纪，波斯天文学家阿卜杜·拉赫曼·本·欧麦尔·苏菲[1] 留下了关于仙女座星系和我们现在所说的大麦哲伦云观测的第一批书面记录。六个世纪后，费迪南多·麦哲伦的远征让苏菲的观察得到证实。在著名的麦哲伦环球航行中，作为船员的维琴察学者安东尼奥·皮加费塔（Antonio Pigafetta）在 1521 年记录了在南部天空中发现了两处浅白色的云体。这位葡萄牙探险家麦哲伦在同年去世，没有完成他的航行，但是为了纪念他，我们将这两片云雾状的天体命名为大麦哲伦云和小麦哲伦云。今天我们知道，麦哲伦云是两个小星系，在几十万光年的距离内围绕银河系运行。

第一个对银河的性质提出正确假设的是波斯天文学家比鲁尼，他在 11 世纪提出，银河是由无数的恒星组成的，这些恒星太远太弱，肉眼无法直接看到。比鲁尼的假设被他同时代的几个人所认同，这是朝着更完整地理解星系概念迈出的重要第一步。

任何通过望远镜观察过部分银河系的人都赞同比鲁尼。只需靠近目镜，就可以看到无数或明或暗的行星，满眼都是闪亮的颗粒。如果工具足够先进，甚至有可能分辨出最亮的星星的颜色，它们在黑暗的天空中像宝石一样闪闪发光。

1609 年的一个晚上，当伽利略·伽利雷第一次将望远镜对准银河系时，他一定也感受过同样的惊奇。

来自比萨的科学家伽利略收到了那个可能在荷兰发明的新光学仪器的消息，很快他就了解了它的工作原理并开始制造一些模型。该望远镜虽用于地面观测，但伽利略凭直觉将其指向天空并用它来探索宇宙的深处，从而彻底地改变了天文学的历史。

---

[1] 生活在公元 10 世纪的古代阿拉伯天文学家阿卜杜·拉赫曼·本·欧麦尔·苏菲（'Abd al-Rahman ibn 'Umar al-Sūfiyy，波斯人，用阿拉伯语写作，故算作文化意义上的阿拉伯学者）在其著作《四十八星座图鉴》（Kitāb Suwar al-Kawākib al-Thamāniyah wa-al-'Arba'īn，又译恒星之书）中记载了不少古代阿拉伯人基于"观星学"的星座观。——译者注

上图 在有光污染和无光污染的情况下看到的猎户座。图片来源：Jeremy Stanley (CC BY 2.0)。

他在 1610 年出版的论文 *Sidereus Nuncius* 中描述了他的观察，即《星际信使》，在其中我们可以找到他对月球、金星和他自己发现的木星的四颗卫星的观察记录。在他的"天体漫游"期间，伽利略也曾漫步于银河系。他叙述了其观察结果，并自豪地强调他观察到了银河系的本来面目，银河系似乎是由无数恒星组成的。

星云国度

望远镜的问世开启了当时天文学的革命：所有学者都得到了一台望远镜，并开始探究天空的奥妙。1654 年，西西里天文学家乔瓦尼·巴蒂斯塔·霍迪尔纳 (Giovanni Battista Hodierna) 向新闻界推送了一本小册子，其中介绍了他观测的系统目录。第一部分专门讨论彗星，而第二部分则介绍了一系列非恒星的、看起来如云雾般的天体。

那些被霍迪尔纳称为 Luminosae 的天体是肉眼可见的，在其中可以分辨出一些恒星，就像昴宿星团的情况。然后是 Nebulosae，在望远镜观测中它完全由恒星组成。最后，还有 Occultae，这是最神

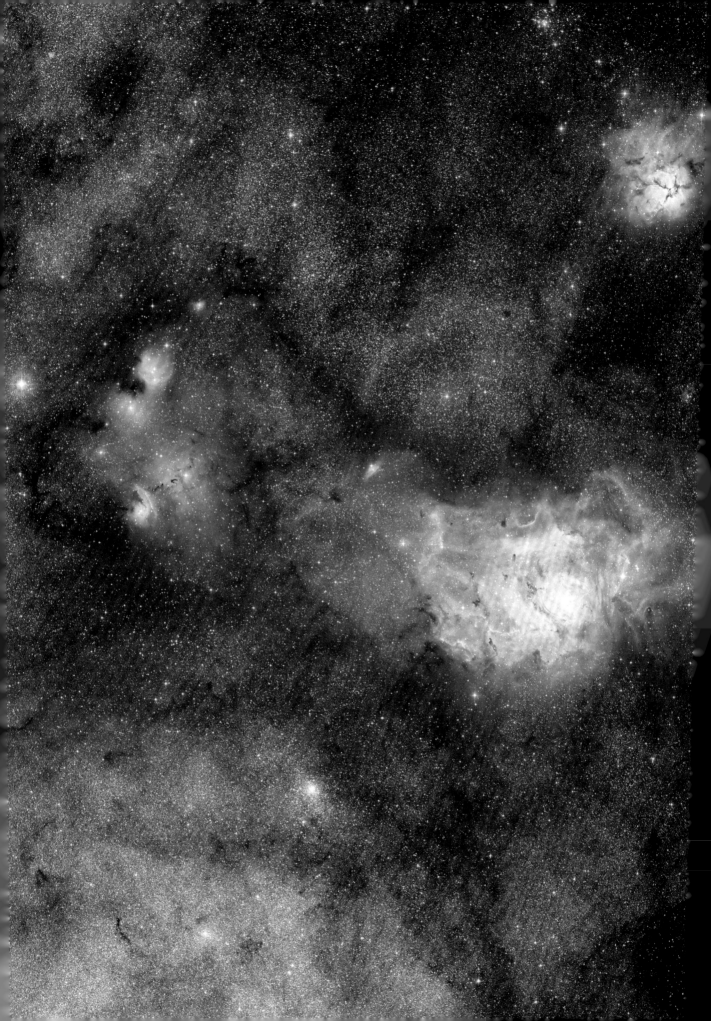

我们在天空中看到的星星有多少？

如果我们在晴朗的夏夜仰望天空，我们似乎看到了数百万颗星星。但它们真的有多少？耶鲁大学的天文学家多里特·霍夫莱特（Dorrit Hoffleit，1907-2007 年）试图观察那些超过肉眼可见极限的恒星，发现大约有 9000 颗。考虑到从地球表面的每一点我们都能看到天穹的一半，因此在任何时候都可以看到大约 4500 颗恒星。

根据其他更悲观的估计，这个数字可能要减少到一半，我们肉眼能看到整个天空中的 5000 颗恒星。这个数据是在不计算光污染的情况下得出的，而光污染则要"抹去"理论上可见的相当数量的恒星（左边的图片）。人造光的污染是蒂内光污染科学技术研究所的皮尔兰托尼奥·辛扎诺和法比奥·法尔奇考虑的一个重要因素，他们正在开展一个雄心勃勃的项目——"迈向可见恒星数量的图谱"。

拓展阅读
梅西耶星表

查尔斯·梅西耶，法国著名天文学家，为星云、星团和星系编上了号码，并制作了著名的"梅西耶星团星云列表"。

他于 1730 年出生于法国洛林，1751 年开始在巴黎工作，在克鲁尼宫的天文台担任天文学家约瑟夫·尼古拉·德莱的助手。在没有今天的光污染的情况下，梅西耶成功地搜寻到了新的彗星，他一生中发现了 13 颗彗星。然而，他最重要的贡献是他在观察期间遇到的非恒星天体表，该目录于 1774 年出版，其中包含 45 个天体，十年后其最终版本为 110 个天体。

即使在今天，梅西耶天体仍由字母 M 后跟一个数字来识别。例如 M31 表示仙女座星系，M42 表示猎户座大星云。

上图　画家尼古拉斯·安西奥姆（Nicolas Ansiaume）所画 40 岁的查尔斯·梅西耶（Charles Messier）的肖像。

左图　用一副小型双筒望远镜进行观测，可以看到银河系中的许多星团和星云。在人马座的这个区域，我们可以欣赏到美丽的星云礁湖星云（粉红色）和三叶星云（右上角，蓝色），分别被梅西耶编为 M8 和 M20。图片来源：感谢欧洲南方天文台 / 戴维德·德·马丁的《数字化巡天 2》。

秘的，因为它们即使在用望远镜观察时也显得云雾缭绕。因此，从霍迪尔纳的观察中，出现了几个类似于银河系的星云状物体，值得更深入地研究。如果它们是由恒星形成的，那么它们的距离一定非常远，因为即使是望远镜也无法分辨出其中的天体。

观测结果清楚地表明，银河是一片巨大的星空，然而，没有人知道为什么它的形状像一条横跨天空的长条。1750 年，英国天文学家托马斯·赖特找到了解释，他假设银河系是一个巨大的星盘，太阳和它的行星就在其中。从内部看，这个巨大的圆盘就像一条巨大的白色河流投射到天空中。这位英国人甚至走得更远，他推测目前为止看到的许多星云并不是银河系圆盘的一部分，其距银河系更加遥远。

五年后，德国哲学家伊曼纽尔·康德进一步阐述了赖特的理论，认为银河系是一个由引力结合在一起的旋转圆盘。他还支持赖特将星云解释为散布在宇宙中的银河系的远亲，他称之为"岛屿宇宙"。赖特和康德的假设比星系本质的真正发现早了几个世纪，今天我们知道，星系是浩瀚宇宙海洋中巨大的恒星聚集体。

在关于星云本质理论向前发展的同时，除了霍迪尔纳列出的那些之外，18 世纪还发现了其他相同类型的天体。特别是，今天我们所说的"深空天体"，那些看起来不像恒星的点状物体，例如气体星云、星团和星系。第一个重要的非恒星天体目录由法国天文学家查尔斯·梅西耶在 18 世纪下半叶编制，包含了星团和星云在内的 110 个天体，其中一些今天我们知道那属于遥远的星系。

梅西耶对新彗星的发现很感兴趣，但他时不时会遇到看起来模糊不清的物体，可能会被误认为是云雾状的恒星。为了记录它们，他开始为它们分类，最终收集了 100 多份。梅西耶天体今天仍然很受欢迎，

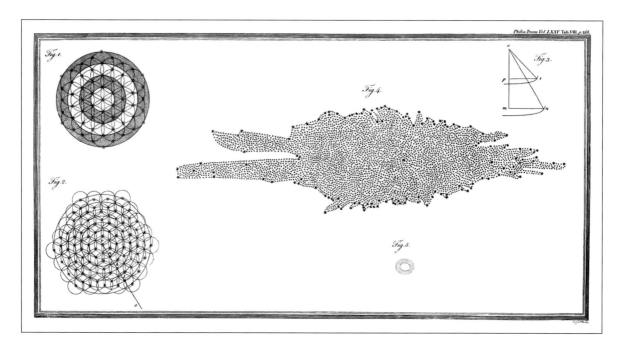

上图　处于中间的便是银河地图，由威廉·赫歇尔于 1785 年绘制。

特别是在世界各地的业余天文学家中，因为它们很容易用双筒望远镜或小型望远镜看到。

当梅西耶在巴黎的天空中寻找彗星时，有些人已经开始系统地探测银河系的不同部分。这是移民到英国的德国天文学家威廉·赫歇尔雄心勃勃的目标，他在 1781 年因发现天王星而广受欢迎，天王星是太阳系中第一颗肉眼无法清晰可见的行星。

1785 年，赫歇尔开始观察银河系，他做了一项艰苦的工作：他将天穹划分为 3400 个小区域，在 20 年的时间里，他开始用他的仪器记录下他在每个区域中可以看到的恒星数量。与伽利略不同的是，他有一个反射望远镜，他使用的是（反射）镜而不是透镜。反射镜由艾萨克·牛顿于 1668 年发明，与经典望远镜相比有几个优点，例如没有严重限制当时透镜质量的色差。此外，制造大型反射镜比制造透镜相对容易。通过这种方式，赫歇尔能够生产出直径超过一米的各种望远镜。多亏了它们，使他能详细观测天空，直到他绘制了第一张银河系的近似图。他错误地将太阳置于中心位置（而今天我们知道我们的太阳系位于离中心相当外围的区域），但正确地猜出了它整体扁平和拉长的形状。

赫歇尔的儿子约翰子承父业，他在 1834 年搬到了南非，精确地绘制了南部天空的地图，完成了他父亲的工作。赫歇尔的研究结果表明，在天空的某个方向，即人马座的方向，恒星的密度最大。朝那个方向看，事实上，我们的目光与银河系的中心相遇，那里有更多的物质集中，因此恒星的光度和密度也更高。

星云还是星系？

1845 年，世界上最大的望远镜投入使用，由第三代罗斯伯爵威廉·帕森斯（William Parsons）在他位于爱尔兰中部的比尔城堡附近建造。罗斯勋爵设法建造了一个直径为 1.8 米的巨大反射器，他自己将其称为"利维坦"，以《圣经》传说中的巨大怪物命名。由于这台破纪录的仪器，他观察到了猎犬星座中非常明亮的星云 M51 的细节，并首次突出了它的旋臂。

1912 年，美国天文学家维斯托·斯利弗开始对 M51（现称为涡状星系）等旋涡星云进行光谱测量，发现它们围绕中心进行旋转运动，进一步证实了这些奇怪星云的特殊性。然而，关于旋涡星云真实性质的谜团继续困扰着天文学家，加剧了两种不同观点之间的争论。一方面，美国的赫伯·柯蒂斯（Heber Curtis）对仙女座的 M31 星云进行了一系列观测，他推测该天体在银河系之外，这一推测使用了一个半世纪前康德所提出的"岛屿宇宙"概念；另一方面，这一观点与哈罗·沙普利的观点相冲突，后者在 1914 年研究了一个球状星团样本，银河系周围大而密集的恒星群，推断它们排列在一个近似球形的晕中，但它的中心不是太阳，正如赫歇尔所阐述的那样。

这些考虑，再加上对银河系大小的高估，让沙普利相信梅西耶星表中的旋涡星云是银河系内的天体。争论的高潮是两位天文学家之间一次著名的公开会议，这次被载入史册的名为"大辩论"的会议，

星系女王

仙女座大星系距离我们略超过 250 万光年，在梅西耶星表中排名第 31 位。M31 比银河系稍大，是为数不多的肉眼可见的星系之一，也是 1920 年柯蒂斯和沙普利之间大辩论中的主要天体。图片来源：罗伯特·詹德勒 / 欧洲空间局 / 哈勃望远镜。

群星一家人

　　威廉·赫歇尔是一个天文学家族的创始人。他的妹妹卡罗琳·露西娅（Caroline Lucretia）于1772年同威廉搬到英国，发现了几颗彗星和星云，是第一个在伦敦皇家学会《哲学交流》杂志上发表论文的女性。威廉的儿子约翰发现了土星和天王星的几颗卫星，并绘制了第一张重要的南天地图。约翰的两个儿子也走上了天文学之路，亚历山大－斯图尔特专注于流星和彗星的研究，而小约翰则专注于日冕的研究。

上图　左起：威廉、卡罗琳·露西娅和约翰·赫歇尔。

于 1920 年 4 月 26 日在华盛顿的史密森自然历史博物馆举行。但是，
对大辩论中涉及的问题的回答是后来才有的，这要感谢美国天文学家爱
德文·哈勃，他在 1923 年成功地精确测量了 M31 的距离，表明它位
于银河系的边界之外。为了达到这一目的，哈勃在 M31 内发现了造父
变星，这是天文学家亨利埃塔·斯旺·莱维特十年前发现的变星。造父
变星作为测量宇宙距离的"标准烛光"非常有用。事实上，它们的变化
周期与绝对亮度（光度）有关（而星体的视亮度则与光度及距离均有
关）。通过将变化周期与从地球观测到的（视）亮度进行比较，可以确
定它们的距离。

　　因此，哈勃的工作对于证明柯蒂斯的假设是正确的具有决定性的意
义，证实旋涡星云实际上是银河系之外的物体，属于其他星系。在现代
命名法中，"星系"一词用于表示我们的星系和散布在宇宙中的其他星
系。1930 年，瑞士天文学家罗伯特·朱利叶斯·特朗普勒进一步证实
了柯蒂斯的解释，他开展了一项观察我们银河系中星团的活动，以确定
星际尘埃云对光的吸收。特朗普勒表明，沙普利没有考虑到这一因素，
因此高估了银河系的大小，使他自己相信"螺旋星云"一定是银河系中
的物体。

上图　1853 年的石版画，描绘了罗斯勋
爵在爱尔兰帕森斯敦的巨型"利维坦"。这
台望远镜在当时是创纪录的：它有一个直
径 182 厘米的金属镜，焦距为 16 米。然
而，爱尔兰的位置只允许平均每年进行
60 个观察夜。

暗物质女神

维拉·鲁宾于 1928 年出生在费城，她的父亲是立陶宛裔工程师，而她的母亲来自比萨拉比亚，这个地区现在横跨摩尔多瓦和乌克兰。她在小时候就展现出了对天文学的极大热忱，在全家移居到华盛顿后，她经常从房子的窗户上仰望天空。她并没有听从高中科学老师劝她不要投身科学事业的建议，1951 年她从康奈尔大学毕业，获得了天文学学位。在 20 世纪 70 年代，她首次提供了旋涡星系中存在暗物质的具体证据。鲁宾是女性天文学家的先驱和象征，曾多次获得诺贝尔奖提名，但从未获奖。

右图　20 世纪 70 年代的维拉·鲁宾。图片来源：华盛顿卡内基研究所，来自美联社。

黑暗之谜

天文学家才刚刚接受将星系视为"岛屿宇宙"的想法，一个更具革命性的发现即将进一步颠覆我们对宇宙的看法。就像大海中的岛屿一样，星系也可以聚集在星系团中，在浩瀚的宇宙海洋中成为真正的天体"群岛"。星系团可以包含数千个物体，例如距离我们约 3.3 亿光年的后发座星系团。

1933 年，瑞士天文学家弗里茨·茨威基在研究后发座星系团中的星系运动时，注意到一个非常奇怪的现象。茨威基知道，星系的运动必须受到引力的制约，而引力又取决于星系团中的物质总量。根据单个星系的速度，他能够确定整个星系团的质量，但令他惊讶的是，他发现这个结果比简单地通过望远镜看到的星系的质量加起来要大几百倍。

也就是说，似乎有某种形式的物质并不发光，但它以其引力"驱动"着星系。因此，最初被茨威基称为"失踪"的质量，似乎比可见的质量要多得多。20 世纪 70 年代，美国天文学家维拉·鲁宾（1928—2016 年）通过观察旋涡星系内恒星的运动，进一步证实了这种神秘的暗物质（后来被称为暗物质）的存在。

正如我们现在所知，暗物质占宇宙中所有质量的 85% 左右，而且就像我们将看到的，它对星系的演变有着决定性的影响。但在开启非凡多样的星系冒险之前，让我们先来探索一下我们的宇宙"岛屿"——银河系。

左图　涡状星系于 1773 年 10 月由查尔斯·梅西耶发现，他将该星系置于其星表的第 51 位。这个宏伟的宇宙螺旋距离我们约 2300 万光年，比银河系略小，伴随着另一个小星系 NGC 5195，与它发生引力相互作用。图片来源：美国国家航空航天局，哈勃遗产团队（STScI / 大学天文研究协会），欧洲航天局，S. Beckwith (STScI)。补充：罗伯特·根德勒。

全家福

后发座星系团是天空中最著名的星系团之一。它位于大约 3.3 亿光年之外，包含 1000 多个已知星体。在这里，我们在哈勃空间望远镜拍摄的图像中看到了它。图片来源：美国国家航空航天局、欧洲航天局和哈勃遗产团队（STScI/ 大学天文研究协会）。鸣谢：D. 卡特（利物浦约翰摩尔大学）和科马 HST ACS 财务组。

第二章

探索银河系

这是一次从发光的中央核心到外环最黑暗和最神秘的区域的银河星系之旅。

银河系是我们在宇宙中的家园。它像一个巨大的公寓区,有 1000 亿颗到 4000 亿颗恒星,每一颗都有自己的特点和历史。就像大楼的住户一样,在此我们可以找到儿童和新生的婴儿,也就是那些在黑暗的太空中刚刚"点亮"的星星。但是也有一些年代更古老的恒星,它们几乎和银河系一样古老,静静地围绕着银河系中心运行。偶尔我们可能会遇到奇怪的租户,例如黑洞,它们从不露面,但非常清楚如何让人感觉到它们的存在。因为它们的引力场很容易将我们撕成碎片,所以最好远离它们。

在这浩瀚的历史和命运的蜂拥中,我们的太阳,可以说是一颗安静的中年星。既不太年轻,也不太老,过着相当宁静的生活,还有 50 亿年的寿命。而且,最重要的是,当它在其他恒星之间徘徊时,有一个漂亮的行星家族陪伴着它。太阳生活在银河系"公寓"的外围区域,在那里你可以从窗户向外看,瞥见其他更遥远的星系。

事实上,天文学家已经发现银河系只是散布在整个宇宙中的众多星系之一。大约一个世纪以来,我们也知道它是一个十分寻常的星系,并无特权。自哥白尼以来,我们在宇宙中的地位逐渐变得微不足道。地球不在宇宙或太阳系的中心，太阳也不是银河系的核心，正如 20 世纪初的沙普利所证明的那样。爱德文·哈勃 (Edwin Hubble) 在 20 世纪 20 年代对任何以地心说为依据的假设给予了温柔一击，他发现宇宙正在膨胀并且星系间的距离正在逐渐变远。但这并不是我们造成的，是时空的结构在膨胀，导致每个星系远离所有其他星系，正如 20 世纪从爱因斯坦的广义相对论开始发展起来的宇宙学模型所证明的那样。

一个银河，甚至可以说是两个

"银河系"一词在天文学中既用于表示在没有光污染的天空中，我们有时可以在夜间看到的微弱漫射光带，同时也是我们整个银河系的专有名称。实际上，这可能会引起混淆，只有从上下文中才能理解所指意思是哪一个。银河的"条带"，毕竟只是银河系的一部分，也就是从我们观察的位置投射到天空中的圆盘。

因此，银河系也不是一切的中心，如果我们在相当大的尺度上观察宇宙，我们会发现它是均匀的和各向同性的，也就是说，在你所看到的每个点和每个方向上都是相同的。当然，在较小的距离上会存在差异，例如，在某个区域可以找到一个星云或一个星团。但是，如果我们将宇宙划分为数亿光年大的巨大"盒子"，我们就会发现，每个盒子中的物质密度大致相同。

由于我们的观测只能达到一定的距离，所以要在整个宇宙层面对这一事实进行有效的实验认证是极其困难的，而且最近有结果表明，不同的"盒子"之间可能存在非常小的差异。然而，我们可以考虑，在一级近似下，宇宙在大尺度上确实是同质的和各向同性的，这一概念被总结为所谓的"宇宙学原理"，是当今宇宙学模型的基本理论之一。然而，尽管对哥白尼和哈勃充满敬意，但至少对居住在其中的我们来说，银河系仍然很特别。毕竟这是我们的家！

内部一瞥

如今，我们对银河系的结构和大小有了相当清晰的了解，但与我们想的恰恰相反，获得这一知识并非易事。银河系非常近，我们甚至沉浸在其中，但这也是事情的难点所在。如果我们回想一下我们自己的公寓楼，我们可以看到在没有到过花园的情况下知道它是什么样子是多么复杂。我们可以依靠窗外或走廊里看到的东西，但要想获得一个整体的视野，你必须到外面去。但是，由于银河系的广袤，至少在今天的技术条件下，不可能到太空中去，从外面拍摄我们的银河系。

但是，我们不能灰心，因为我们可以详细研究许多其他星系，并与我们的星系进行比较。我们也可以尝试从内部绘制银河系地图，就像威廉·赫歇尔在 18 世纪中叶开始做的那样。天文学家绘制的地图报告了银河系不同部分的恒星密度，对于开始了解银河系平面的一般结构非常有用。然而，我们需要的是恒星距离的测量，这将允许构建银河系的三维地图。但时机尚未成熟，因为德国天文学家弗里德里希·贝塞尔（Friedrich Bessel）在 1838 年才首次获得了基于恒星视差的距离测量。

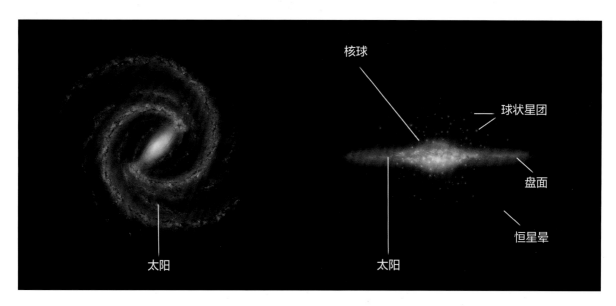

核球

球状星团

盘面

恒星晕

太阳

太阳

上图　显示了如果我们能从外面看到银河，"正向"的和侧面的银河会是什么样子。图片来源：欧洲航天局。

拓展阅读
一颗恒星有多远？

　　传统的仪器不能用来测量恒星和其他天体的距离，只能通过间接手段进行测量。1838 年，德国天文学家弗里德里希·威廉·贝塞尔基于视差技术首次测量了恒星距离。视差技术是指由于地球在其轨道上的运动，天空中近处的恒星相对于背景中更远的恒星所产生的明显角度位移。通过简单的计算，从视差角可以确定距离。利用这种技术，贝塞尔测量到，如果相隔 6 个月再进行观察，当地球位于绕日轨道的相对点时，双星天鹅座 61 会显示出大约十分之三角秒的视差。通过这种方式，他确定其距离为 10.4 光年，非常接近今天公认的 11.4 的数值。

　　基于这种方法，还定义了一个重要的天文测量单位——秒差距，它等于视差为一角秒的恒星的距离。一秒差距约为 3.26 光年。

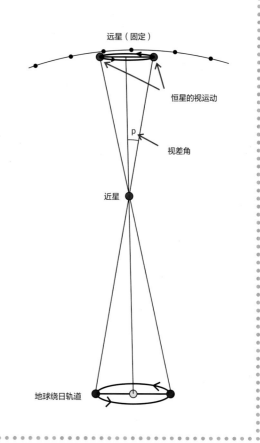

远星（固定）

恒星的视运动

p

视差角

近星

地球绕日轨道

银河系只是宇宙中众多星系之一。在这张名为 GOODS-South Hubble Deep UV Legacy Field 的图像中，有数千个星系，距离我们最远的达 110 亿光年。图片来源：欧洲航天局 / 哈勃和美国国家航空航天局。

盖亚和银河系的三维图

　　欧洲航天局的盖亚任务是绘制银河系中恒星地图的最具雄心的项目。2013 年 12 月 13 日发射的盖亚卫星正在测量大量恒星的位置和速度，以建立迄今为止获得的最精确的银河系地图。它的精密仪器测量出的恒星的位置，精确度约为 2 千万分之一角秒，大约相当于一只蜜蜂在月球距离上的角度。用盖亚的数据制作的最新一张地图于 2022 年 6 月发布，包含约 15 亿颗恒星。图片来源：欧洲空间局 / 盖亚 /DPAC，CC BY-SA 3.0 IGO。

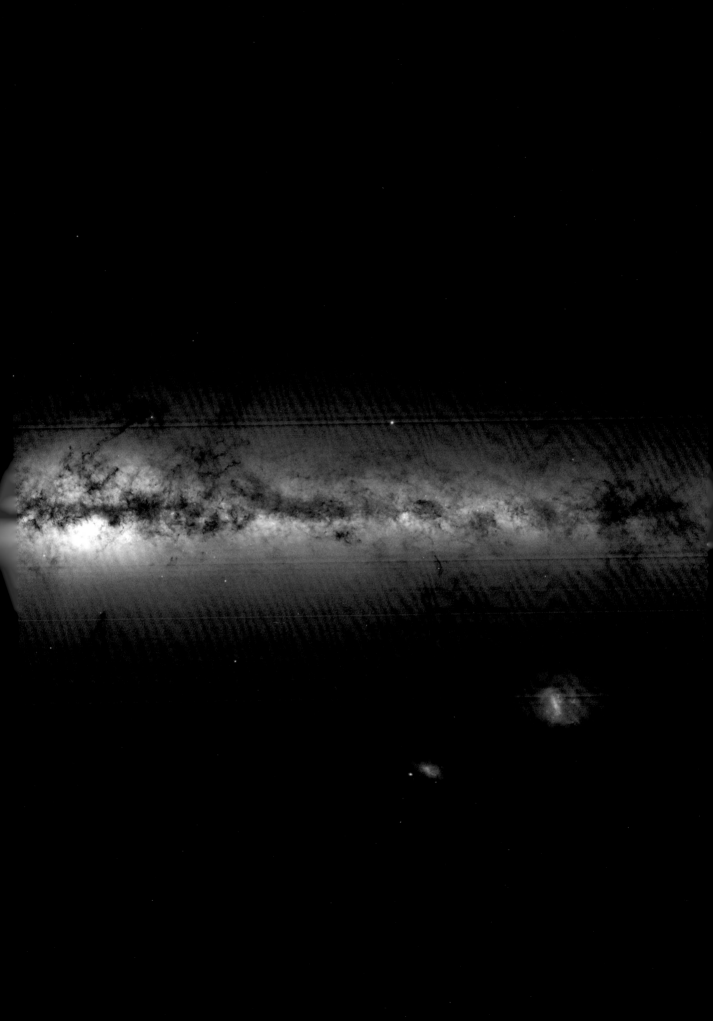

荷兰天文学家雅各布斯·卡普坦最先意识到恒星的运动恰恰相反，他在 1904 年对天穹上的恒星运动进行了系统研究，即所谓的"自行"。从观察所得来看，这些恒星似乎属于两个向相反方向移动的"流"，为我们银河系的旋转提供了第一个证据。大约 20 年后，由于格罗宁根大学的卡普特恩的学生扬·奥尔特（Jan Oort）的努力，得出了实验结果。主要的假设是，银河系由一个巨大的圆盘组成，但不清楚其中的恒星是如何运动的，许多人认为各个恒星是随机运动的。

从瑞典人贝蒂尔·林德布拉德在 1927 年发表的一篇论文开始，奥尔特对恒星的运动进行了新的系统性观察，表明银河系在旋转，离核心较远的恒星比离核心较近的恒星的运行速度要慢。因此，星

银河如何转动

　　银河盘并不像刚体（如 CD）那样旋转，其中每个部分都有相同的角速度。在许多天体中，包括太阳和一些气态行星，各区域的角速度随离中心的距离远近而变化。事实上，较差自转被认为是重要的证据，表明银河系不是一个单一的刚性体，而是表现得像一个流体。

初始瞬间　　　　五千万年后　　　　一亿年后

上图　较差自转。与远离中心的恒星相比，靠近中心的恒星绕中心运行所需的时间更少。因此，星系不能被认为是刚体。

系盘的旋转比刚体的旋转更复杂，因为它遵循所谓的"较差旋转"。对较差运动的研究有助于了解星系盘不是一个刚性系统，也有助于了解许多星系的旋涡结构的机制的更多细节。奥尔特还能够证明，太阳距离银河系中心大约 3 万光年，它在大约 2.3 亿年内围绕银河系中心运行一圈。

上图　荷兰天文学家雅各布斯·卡普坦，银河系自转的发现者。

位于智利阿塔卡马沙漠的阿塔卡玛大型毫米波天线阵观测站天线上方的银河系中心。图片来源：欧洲南方天文台 / 巴巴克·阿明·塔夫雷希（twanight.org）。

一颗恒星有多远？

　　射电天文学诞生于 1931 年，当时美国工程师卡尔·央斯基意外地发现人马座有强烈的无线电波发射。央斯基当时在美国电信公司贝尔电话公司的研究中心工作，忙于研究无线电通信信号的干扰因素。央斯基的成果没有被天文界注意到，却启发了另一位美国工程师格罗特·雷伯，他在 1937 年为自己建造了一台射电望远镜，并开始研究银河系的来源，制作了我们银河系的第一张射电图。

上图　格罗特·雷伯。图片来源：美国国家射电天文台。

上图　雷伯于 1937 年建造的射电望远镜。

来自银河系的现场报道

　　多亏了卡普坦和奥尔特的工作，我们才清楚地知道银河系中的恒星围绕银河系的中心旋转运动。然而，研究恒星成分并不能使我们完全了解星盘的结构。在晴朗的夜晚观察银河系，就足以注意到由气体和尘埃形成的各种星团和星云的存在。特别是，星际尘埃吸收了来自更远恒星的可见光，从而形成了一层厚厚的毯子，使我们无法看得太远。就像在一个多雾的秋日，在尘埃浓度较高的圆盘区域，我们的视野特别有限。奥尔特很清楚这一点，多年来他一直试图设计一种方法来观察那些尘埃云，研究银河系中心的区域。

在纳粹占领荷兰的那些年，奥尔特意识到美国工程师格罗特·雷伯的成就，他在射电天文学领域取得了巨大进展。这个领域是新的，还没有被当时的天文学界热情地接受。雷伯本人最初并不是专业的天文学家，但在 1937 年，他设法在自家花园里为自己建造了一个直径 9 米的巨型射电望远镜。有了那个我们可以认为是世界上第一台射电望远镜的巨大天线，他开始绘制宇宙中的射电源图。与可见光不同，无线电波可以更容易地穿过尘埃云，而且，根据雷伯的结果，奥尔特立刻明白了射电天文学提供的可能性。然后，他给他的学生亨德里克·C.范德胡斯特分配了一项任务——找出什么无线电频率最适合调谐，以便接收来自银河系的信号。由于氢是宇宙中最丰富的元素，范德胡斯特决定将重点放在这种元素上，发现银河系中的氢原子可以发出波长为 21 厘米的强烈信号。这些发表于 1945 年的结论激发了各个研究小组对氢"特征"的发现。持续数年的氢竞赛由哈佛大学的美国人爱德华·珀塞尔和哈罗德·埃文赢得，他们于

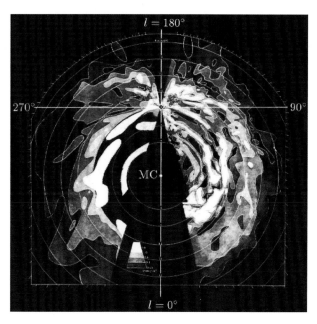

上图　奥尔特使用 21 厘米氢线获得的银河系地图。图片来源：奥尔特·韦斯特豪特·克尔－《皇家天文学会月刊》，1958 年第 18 卷，第 379 页。

拓展阅读
氢气的作用

氢原子由一个质子和一个电子组成，是我们银河系和宇宙中分布最广的元素，借助无线电波可以研究其丰度。在自然界中，氢原子可以根据质子和电子的自旋呈两种不同的构型。自旋是粒子的一种内在量子属性，它告诉我们它们围绕自身旋转的方向。电子可以从一个与质子同向旋转的情况变成一个反向旋转的情况，在这种"翻筋斗"中，它以 21 厘米长的无线电波的形式发射出少量的能量。这就是氢气的特征"签名"。

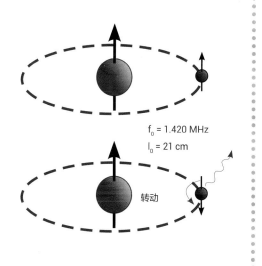

$f_0 = 1.420$ MHz
$l_0 = 21$ cm

转动

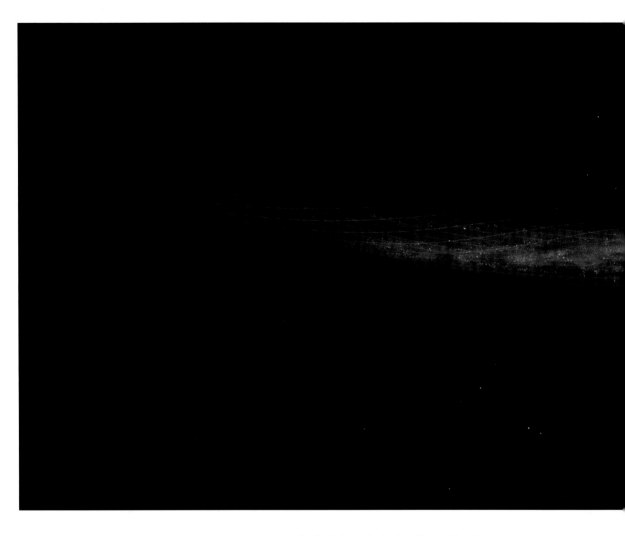

上图 银河系圆盘变形的艺术表现。图片来源：斯特凡·佩恩·瓦尔德纳。

扭曲的星盘

我们银河系的圆盘不是完全平坦的，而是略微弯曲的，有些地方是向上的，有些地方是向下的（见上图）。这种扭曲的原因尚不清楚，可能取决于磁场或暗物质。另一个原因可能是人马座矮星系的引力作用，该星系已经多次穿过银河系的圆盘。由于盖亚空间任务，随后在 2020 年显示扭曲的圆盘在大约 6 亿年内围绕银河系的核心移动。

1951 年率先在无线电波中检测到氢信号。

尽管奥尔特不是第一个在 21 厘米处检测到这条线的人，但他继续研究氢的无线电发射，并且还能够利用多普勒效应测量气体云的速度。就这样，他在这些波长下构建了第一张银河系的三维地图，这表明银河系盘中的气体云集中在巨大的旋臂中，与在其他星系中观察到的非常相似。

在恒星和星云之间

今天我们知道，银河系的圆盘直径约为 17 万光年，厚度约为 400 光年。除了这个主要由恒星和星云组成的薄结构之外，还可以看到一个厚达 1000 光年的外盘，它主要由

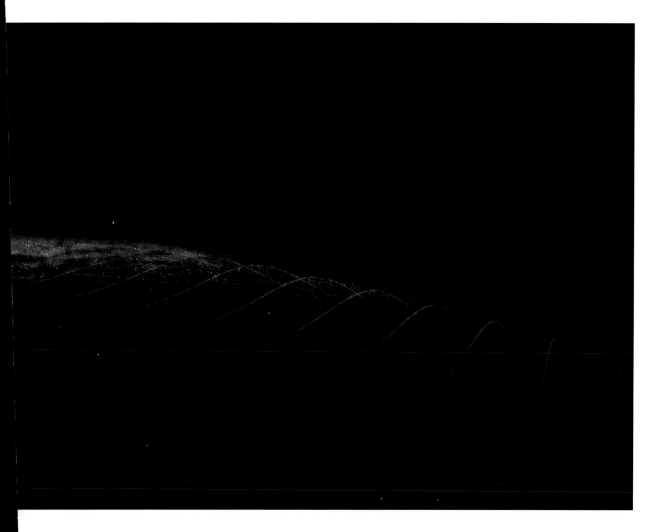

恒星组成。因此，总的来说，银河系的圆盘是比较薄的，其厚度不到其直径的 1%。按照适当的比例，银河系的圆盘具有与音乐 CD 相同的外形。

在银河圆盘的结构中，可以确定有四个主要的旋臂，2005 年，美国国家航空航天局用斯皮策空间望远镜进行的红外观测证实，两个最大的旋臂，称为英仙臂和半人马臂，由一对旋臂连接。

半人马座是由一个大的棒状结构连接在一起的。根据观察，银河系因此不是一个简单的螺旋形星系，而是一个棒状旋涡星系。

在星盘中，主要是年轻和非常明亮的恒星，它们的年龄可能与太阳相同，甚至只有几亿年的历史。一颗恒星最重要的特征是它的化学成分。由于宇宙中的大部分物质由氢和氦组成，天文学家将所有其他元素累积起来称为"金属"。因此，在天体物理学中，我们所说的金属丰度是指比氢和氦更重的元素的比例。在年轻的圆盘恒星中，金属丰度相对较高，实际上与太阳的金属丰度相似。这些颜色趋向于蓝色的恒星，可以在疏散星团中找到，其数量从几十颗到几千颗不等。随着时间的推移，复杂的相互作用的引力导致恒星从星团中被弹出，然后慢慢"蒸发"。根据维也纳大学最近进行的一项研究，即使是太阳也是在一个星团中诞生的，但一路上失去了它的兄弟姐妹。

然而，在 20 世纪 40 年代，人们清楚地认识到，这些年轻的恒星并不是银河系的唯一租户。有一个单独的红色恒星群，其年龄比圆盘中的大多数恒星都要大。

在银河系和仙女座星系中，天文学家沃尔特·巴德（Walter Baade）确定了这两族恒星，并称它们为星族 I 和星族 II，分别表示最年轻和最古老的恒星。

与星族 I 中的年轻恒星不同，星族 II 中的恒星具有较低的金属丰度。当我们考虑到恒星在其寿命中会在自身内部合成越来越重的元素时，年龄和金属丰度之间的联系就很清楚了。当较老的恒星结束其

上图　反射星云是在非常热和明亮的恒星附近发现的尘埃云，它们反射出恒星的光线，从而变得可见。一个例子是 M78，位于猎户座，距离地球大约 1350 光年。图片来源：欧洲南方天文台 / 伊霍尔·切卡林。

上图　重建银河系的结构，特别是显示迄今为止所确定的主要旋臂。图片来源：美国国家航空航天局 / 喷气推进实验室 – 加州理工学院 / 赫特（SSC/Caltech）。

存在时，构成它们的气体会污染周围的空间。在这种更加"污染"的介质中，新的恒星就会诞生，而这些恒星一开始就会比前一代有更丰富的金属。然后，这些星族将竞相拥有自己的连续世代。在 20 世纪 70 年代，星族 III 被假设为由宇宙中最早出现的恒星形成的，它们的金属丰度很低，寿命很短。从它们的死亡中，后来诞生了我们现在仍能在宇宙中观察到的星族 II 恒星。到目前为止，星族 III 恒星从未被探测到，但天文学家希望通过观察更遥远的星系来发现它们的踪迹。

　　除了容纳数十亿颗恒星之外，银河系盘中还充斥着气体云，主要是氢气，它们的质量总和相当于恒星部分的十分之一，天文学家称之为"星际介质"。在太阳所在的区域，气体的密度大约是每立方厘米一个原子，比我们在地球上的任何环境中都要少得多，而在旋臂之间的区域，它甚至可以低 10 倍甚至 100 倍。除了气体星云外，我们还可以在银河系中探测到许多尘埃云，尽管它们的总质量比气体云少

10 倍。

但是在我们的星系中，除了氢原子和尘埃之外，我们还可以找到其他元素的原子和各种分子。"分子云"主要由氢分子形成，其质量可以达到几万个太阳质量，非常普遍。这些云层的密度可以达到每立方厘米 100 万个分子，是银河系的主要"产房"之一，在那里形成新恒星的可能性最大。

在银河系的中心地带

如果我们沿着人马座的方向看天空，我们会注意到银河中的一种凸起，它变得更厚更亮。在天空的那个方向，我们实际上是在看我们星系的心脏，那个中央的核球，在英语中被称为"bulge"。

离我们大约 28000 光年的凸起是一个椭圆结构，半径大约为 10000 光年，大约是圆盘的 1/8。在这个中心区域，观察到颜色偏红、金属丰度低的恒星，表明天体的年龄超过 70 亿年，因此比太阳更古老。与在圆盘中观察到的情况不同，这个区域的恒星运动不是有序的，而是随机分布的。

较老的、低金属丰度的恒星，我们可以将其归类为星族 II，这表明核心在大约 130 亿年前与银河系一起形成。然而，2018 年在密歇根大学进行的一项研究显示，一个处于高速运动的年轻恒星的样本可能表明有另一种情况。据科学家称，这些恒星将是银河系和另一个星系之间碰撞的证据。

正如我们所见，中央核将被一个巨大的物质棒穿过，它延伸约 27000 光年，螺旋的两个主要臂从中分离出来。

更深入地观察银河系的核心，我们发现在其中心有一个怪异和畸形的"租户"。事实上，观测结果表明，它容纳了一个约 400 万太阳质量的超大质量黑洞。这些"超级黑洞"在星系的核心中相当常见，在许多情况下，它们对数十亿光年外可见的强烈能量释放负责。

与这些为所谓的"活动星系核"提供食物的黑洞不同，位于银河系中心的黑洞处于休眠阶段，没有

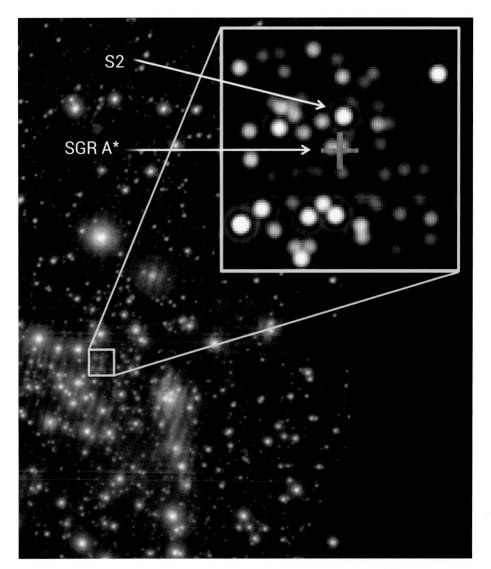

S2

SGR A*

左图 银河系的中心区域，那里有 400 万太阳质量的黑洞，用 SGR A*（人马座 A*）表示。S2 是一颗在 2018 年与它非常接近的恒星。图片来源：欧洲南方天文台 /MPE/ 西尔克吉莱森等人。

巴纳德和暗星云的魅力

在银河系中，我们可以看到许多暗星云，这些星云是由吸收了遥远恒星光线的尘埃形成的，在明亮的天空背景下显得格外突出。1919 年，美国天文学家和天文摄影的先驱爱德华·爱默生·巴纳德（Edward Emerson Barnard）出版了一份关于 182 朵暗星云的重要目录。在他的目录中，巴纳德 68 号云（右图，图片来源：欧洲南方天文台）位于距离我们约 500 光年的蛇夫座。在巴纳德去世后，1927 年的新版目录列出了 369 件作品。

落入陷阱

　　这张插图显示了非常靠近银河系中心超大质量黑洞的三颗恒星的轨道。 用欧洲南方天文台的甚大望远镜和其他仪器进行的分析表明，这些恒星的轨道可能受到爱因斯坦广义相对论预测的微小效应的影响，这些效应是由黑洞引力引起的时空扭曲产生的，它的位置由带有蓝色光环的白色圆圈标记。图片来源：欧洲南方天文台 / 帕萨 / 卡尔卡达。

以任何恒星为食，因此只有通过它对周围物体施加的引力才能感受到它的存在。

　　用红外望远镜观察银河系的中心区域，可以注意到一群恒星围绕着一个没有光源的空间点运行。它们似乎围绕着一个幽灵旋转，正是以这种方式，黑洞在 20 世纪 90 年代被位于加兴的马克斯·普朗克研究所的莱因哈德·根泽尔和加利福尼亚大学洛杉矶分校的安德烈亚·盖茨为首的两个研究小组发现，他们获得了 2020 年诺贝尔物理学奖的一半（另一半则由牛津大学的罗杰·彭罗斯荣获，以表彰他对黑洞理论的贡献）。

上图　发射星云是由炽热明亮的恒星电离而成的气体云。在这些可以延伸到数百光年的巨大云层中，电离气体发出的光具有每种元素的颜色特征。一个很好的例子是 NGC 2359，它位于约 12000 光年外的大犬座。红色对应的是电离的氢，蓝色对应的是同样电离的硫。图片来源：R. 巴雷纳（情报分析中心）和 D. 洛佩斯。

上图　在南半球可见的半人马座球状星团是银河系中最大的球状星团。该星团内部的密度非常高，在一个大约150光年的球形区域内，有大约1000万颗恒星。这意味着银河系中恒星之间的平均距离是十分之一光年，大约是我们与最近的恒星之间距离的 1/40 倍。图片来源：欧洲航天局。

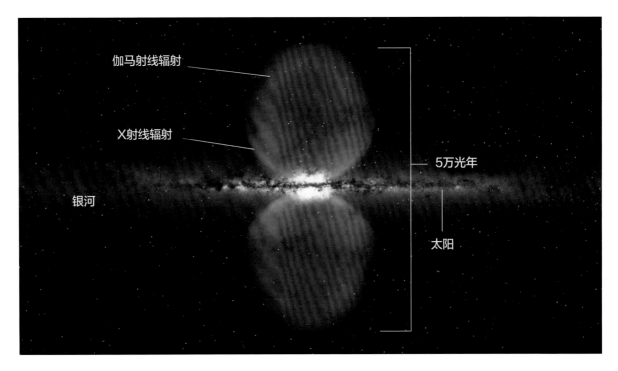

上图 费米空间望远镜定位的"气泡"示意图。图片来源：美国国家航空航天局戈达德太空飞行中心。

银河茧

银河系沉浸在距中心约 10 万光年的晕中，那里的恒星大部分年代古老，主要集中在球状星团之中。顾名思义，这些星团（大约有 150 个已经被确认）形似球状，可以包含多达数十万颗恒星"挤"在一个相对较小的体枳里。填允球状星团的恒星主要属于星族 II，它们的年龄可以超过 120 亿年，与太阳相比，金属丰度非常低。

我们的银河系还位于一个巨大的电离气体气泡中，这个气泡一直延伸到几十万光年的麦哲伦云。这个区域的气体被称为"银冕"，温度高达数百万摄氏度，主要以紫外线波长和 X 射线的形式发射。

然而，银河系中最庞大的组成部分是我们肉眼看不见的。事实上，我们知道我们的银河系沉浸在一个巨大的暗物质晕中，它包含至少 5000 亿个太阳质量的巨大质量，围绕银河系中心延伸约 100 万光年。由弗里茨·茨威基在 20 世纪 30 年代提出的暗物质的存在，在 20 世纪 70 年代被证实，这要归功于美国天文学家维拉·鲁宾的根本性贡献。

鲁宾已经开始与他的同事肯特·福特合作，测量星系内恒星的旋转速度，首先是仙女座星系的速度。与太阳系行星的情况类似，离银河系中心更远的恒星的轨道预计会更慢，因为它们受到的引力较低。然而，令他惊讶的是，鲁宾发现在一定距离之外，旋转速度保持不变。解释这种行为的一种说法是，有一个看不见的暗物质晕"引导"了恒星的运动。尽管那些研究牛顿和爱因斯坦引力替代理论的人，定义了修改后的牛顿引力理论（简称 MOND 定义），提出了不同的解决方案，但是科学界普遍接受暗物质假说来解释旋转曲线（显示星系中恒星速度与中心距离的函数的图表）。从粒子到暗物质的光晕，我们探索了银河系以了解它的结构和不同的成分。这是一次让我们了解我们在宇宙中的家是什么样子的旅程，现在我们可以从这里走得越来越远，去探索其他星系。

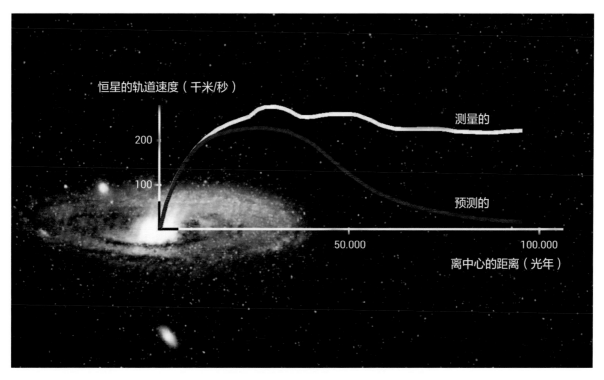

上图　仙女座星系的旋转曲线，显示了恒星绕中心运行的速度的测量值与预测值的不同。图片来源：女王大学。

看不见的晕

　　直接看到银河系周围的暗物质晕是不可能的。但由于它产生的引力效应，我们可以凭直觉判断它的存在。在这幅图中，暗物质的分布以蓝色表示。它的总质量估计至少有 5000 亿个太阳质量，也就是可见物质的 5 倍以上。但也有可能更多。图片来源：欧洲航天局 / L. 卡尔萨达。

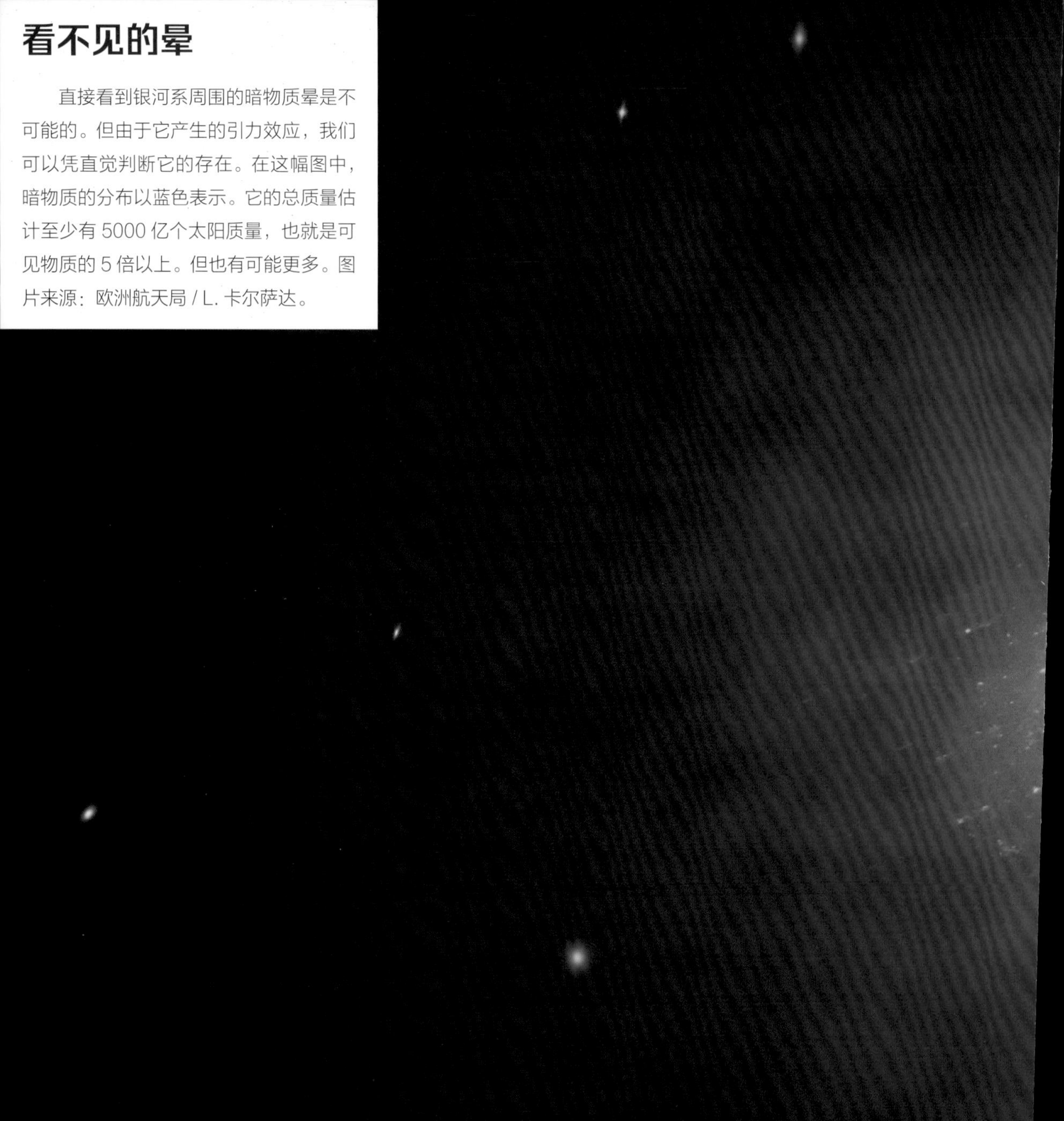

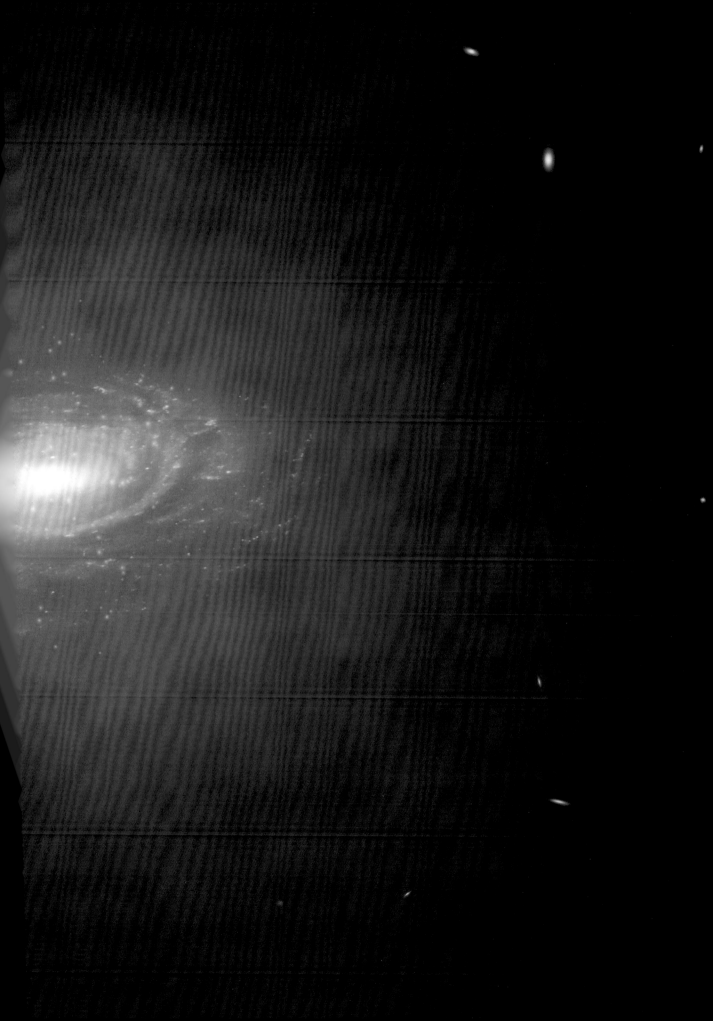

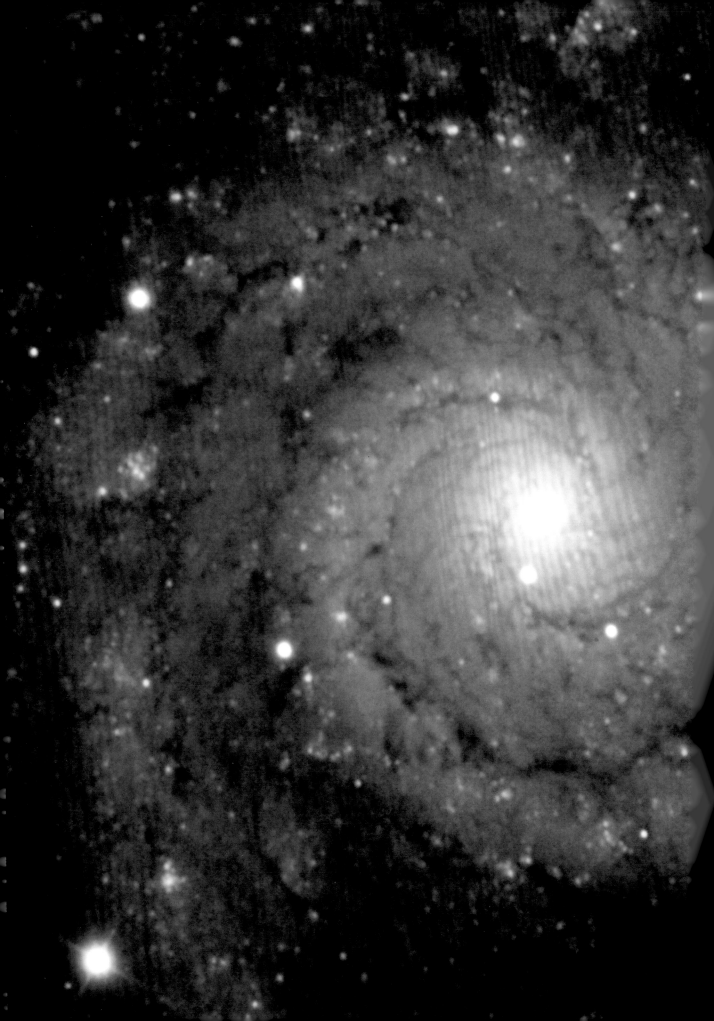

第三章

星系动物园

星系是宇宙的基本组成部分。从矮星系到旋涡星系，本章讲述的是它们的不同之处以及我们生活的宇宙中这些巨大的恒星家族的分类方法。

上图　威尔逊山的胡克反射镜，带有 2.5 米的镜子，于 1917 年完成。哈勃利用这个仪器测量了到仙女座星系的距离，并表明宇宙正在膨胀。图片来源：肯·斯宾塞 (CC 3.0)。

威尔逊山天文台是现代天文学著名的"神殿"之一。从洛杉矶东北部一个安静的小镇帕萨迪纳可以轻松到达威尔逊山天文台。在这里，离贝弗利山庄的豪宅和好莱坞的璀璨灯光不远处，还有其他卓越的研究中心，如加州理工学院和美国国家航空航天局的喷气推进实验室，在这里曾写下太空探索的历史篇章。要到达天文台，必须离开帕萨迪纳，走洛杉矶克雷斯特公路，这条风景优美的公路直通洛杉矶上方的圣盖博山脉。在弯道之间行驶数十千米，沉浸在令人叹为观止的风景中，最终到达海拔约 1740 米的天文台停车场。从这里我们可以欣赏到"天使之城"的雄姿，最高的摩天大楼从迷雾中升起。

加州天文台是由美国天文学家乔治·埃勒里·海尔（George Ellery Hale）创建的，他也参与了芝加哥北部叶凯士天文台的建设，世界上最大的折射望远镜就在那里。

1904 年，在久负盛名的华盛顿卡内基研究所的支持下，海尔创建了威尔逊山天文台，该天文台建在山顶上一个著名的冬季度假胜地附近。在安装了几个研究太阳的望远镜和一个直径 5 英尺的反射镜后，天文台在 1917 年购入了一台破纪录的仪器。得益于慈善大亨约翰－胡克的慷慨捐赠，海尔得以建造直径为 2.5 米的反射镜，他超过了罗斯勋爵的"利维坦"，在 1949 年 5 米的"巨人"帕洛马山天文台的海尔望远镜落成之前，它一直是世界上最大的望远镜。

即使在今天，我们仍然可以在天文台组织的公众参观中欣赏到胡克反射镜的威严。感谢那些在天文台工作的人们的讲述，我们还可以了解到这架望远镜是如何彻底地改变了我们对宇宙的看法的。

音叉上的银河系

1919 年，爱德文·哈勃被天文台聘用，两年前他匆匆取得了他的博士学位，并应征入伍，希望能为第一次世界大战做出自己的贡献（但他所在的师第 86 步兵师，从未上过战场）。正如我们所看到的，哈勃在理解神秘的"螺旋星云"的性质方面发挥了关键作用，这些星云是 1920 年希伯·柯蒂斯和哈洛·沙普利之间"大辩论"的焦点。

哈勃从 1924 年开始就对这个问题感兴趣，当时他

上页图 双鱼座的 M74 是旋涡星系的一个美丽样本。它距离我们大约 3000 万光年。
图片来源：欧洲航天局 / 欧洲航天局对瞬态天体的公开光谱调查 /S. 斯玛特。

右图 乔治·埃勒里·海尔，美国天文学家，为叶凯士和威尔逊山天文台的建立做出了贡献。

上图　亨丽埃塔·斯旺·莱维特研究造父变星，这是测量宇宙距离的基础。图片来源：哈佛史密森天体物理中心。

开始对 M31 进行一系列详细的观测，这个星云当时还被称为"仙女座星云"。多亏了胡克发射式望远镜，哈勃能够在该星云中观察到造父变星的样本，天文学家最近学会了将其用作标准烛光来确定宇宙距离。他表明，仙女座"星云"至少在 100 万光年之外，远远超出了银河系的边界。

随后的观测显示，与仙女座的距离是哈勃估计值的两倍多，但之前的结果已经具有决定性意义，证明了那些螺旋状星云，也就是我们现在知道的我们的星系之外的星系，与康德两个世纪前想象的岛屿宇宙非常相似。

1925 年 1 月 1 日，哈勃在美国天文学会大会上介绍了仙女座的距离后，他继续观察和拍摄星系。当他分析它们的细节和形态时，他开始想，是否有可能以某种方式根据它们的外观对它们进行分类。第一次尝试分类的结果是所谓的"哈勃序列"，由于其特有的形状，也被称为"音叉图"。

在音叉的"手柄"上，哈勃插入了那些或多或少呈现为扁平椭圆的星系，他称之为椭圆星系，并以字母 E 命名。然后根据扁平化程度将椭圆星系细分为多个亚家族，用一个整数表示，从 0 代表几乎是球形的星系，到 7 代表最扁平的星系。这个数字是由一个叫作"椭率"的参数计算出来的，它取决于星系主轴的表观尺寸。

正如我们已经看到的，许多星系，包括仙女座星系，都显示出或多或少明显的旋涡结构。哈勃将它们插入音叉的平行臂中。其中一个是"标准"旋涡星系，根据旋臂缠绕在自身上的程度分为三个子类（a、

拓展阅读
造父变星

　　造父变星是在 18 世纪末首次观测到的变星，以仙王座 delta 星命名，是这个变星家族中最具代表性的。这些恒星的质量比我们的太阳大得多，也更亮，它们的亮度经常变化，周期从几天到几个月不等。1908 年，美国天文学家亨丽埃塔·斯旺·莱维特发现，造父变星的变化周期与它们的绝对亮度有关。

　　通过测量它们的变化周期，就有可能得出它们的绝对亮度，当与它们的视亮度相比较时，就可以衡量出该星的距离。因此，造父变星是非常重要的标准烛光，用于估计宇宙距离，最远可达数千万光年。得益于主要分为经典型和 II 型的造父变星，与承载它们的星系的距离可以被确定，误差约为 10%。

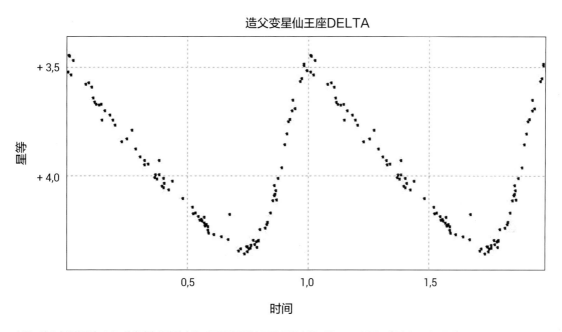

上图　造父变星仙王座 delta 的亮度有规律地变化，周期刚刚超过 5 天。图片来源：ThomasK Vbg（CC BY-SA 3.0）。

b、c）：Sa 类比较"扭曲"，有一个中心核，而在 Sc 类中，核的亮度较低，臂部比较开放和明显。此外，许多星系都显示出棒状，哈勃将棒状旋涡星系置于与简单（无棒）旋涡星系平行的分支中，用首字母 SB 表示它们，并将它们也分为三个亚类，其方式与正常旋涡星系类似。根据这一分类，银河系将属于 SBb 类或 SBc 类。

　　在椭圆星系和旋涡星系的交汇点，我们发现了透镜星系，用首字母 S0 表示，它们构成了一种中间

右图　爱德文·哈勃在威尔逊山的胡克望远镜前工作。图片来源：爱德文·哈勃。图片来源：加利福尼亚州圣马力诺市亨廷顿图书馆。

类别，有一个非常大而明亮的核球，就像椭圆星系那样，还有一个类似旋涡星系的圆盘，但没有明显的旋臂。

　　在哈勃的分类中，还有最后一类不遵循音叉结构的星系，由于其形状而被称为"不规则"。

　　椭圆星系也被称为"早型"星系，而旋涡星系则被称为"晚型"，但这与它们的演化无关。哈勃本人曾说过，他的音叉图只是基于形态学的经验分类。

椭圆星系

　　这些星系表现出非常简单的形态：它们由或多或少扁平的椭圆体组成，其轮廓显然还取决于星系相对于我们视线的倾斜角。与像银河系这样的旋涡星系发生的情况不同，椭圆星系的结构没有旋转的支持，恒星似乎在随机的方向运动。从包含约 10 万颗恒星（因此比球状星团大不了多少）的矮星系，到可以"重达" 10 万亿太阳质量、直径达近百万光年的巨型星系，观察到的椭圆星系大小不一。

　　椭圆星系的一个特点是它们含有非常少量的气体和尘埃，它们是制造新恒星的"成分"，事实上，椭圆星系的恒星形成率极低，在孤立的或疏散星团中只观察到少数年轻恒星。椭圆星系中的大多数恒星都是星族 II，非常古老且呈红色。

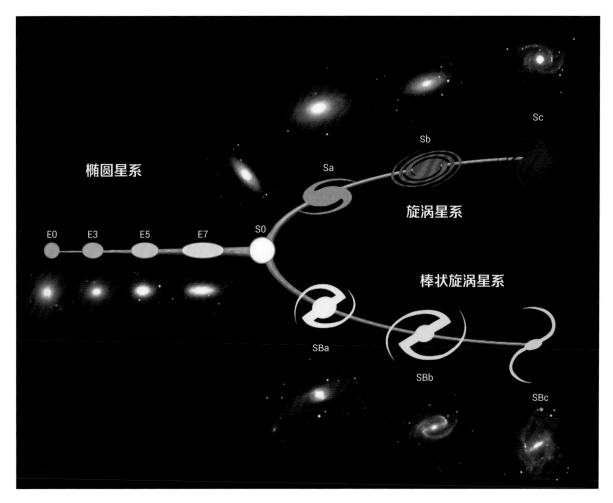

上图 哈勃星系分类的示意图，附有一些例子。

过渡的星系

从椭圆星系到旋涡星系的过渡环节是哈勃在 1936 年提出的，他将其命名为 S0 的纯理论类型。直到 20 世纪 60 年代，才确定了似乎与哈勃的 S0 级相对应的星系，我们现在称之为透镜星系。

与椭圆星系类似，透镜星系也有一个主要由年老星族 II 恒星组成的恒星群，这些恒星集中在（核球），星系的大部分发光质量在那里。

它们与椭圆星系的区别在于，存在一个没有明确旋涡结构的物质盘，当从侧面观察星系时，有时会以更突出的方式显示出来。在这些条件下，形成圆盘的尘埃掩盖了隆起部分的恒星，使圆盘更加明显，就像 NGC 6861 或 NGC 4526 星系所发生的那样（见第 58 页右图）。由于一些透镜星系显示出棒状，1959 年，法国天文学家热拉尔·德·沃库勒（Gérard de Vaucouleurs）提出了"棒状透镜星系"的类别，用首字母 SB0 来识别它们，并用 SA0 来表示那些没有棒的透镜。由于有一些星系具有中等大小的圆盘，在 20 世纪 60 年代，又引入了 ES 类，这是具有这种圆盘特征的椭圆星系和旋涡星系之间的过渡。

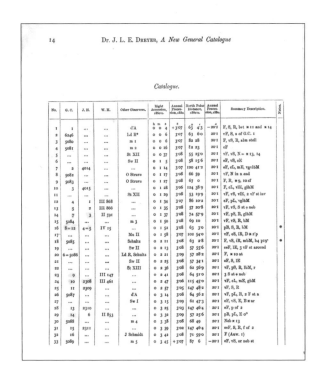

上图　约翰·德雷尔，新总表 NGC（new general catalogue）和索引星表（L' INDEX CATALOGUE）的作者。

左图　《新总表》的第一页，其天体的缩写为 NGC。图片来源：《皇家天文学会备忘录》。

拓展阅读
《新总表》和《索引星表》

　　最重要的星系、星云和其他深空物体的集合之一是 NGC 星表，即新的星云和星团总表。它由天文学家约翰·路易斯·埃米尔·德雷尔于 1888 年编制，包含 7840 个深空天体，其中许多是之前由查尔斯·梅西耶、威廉和约翰·赫歇尔等其他天文学家发现的。德雷尔后来还在 1895 年和 1908 年出版了两份增刊，称为《索引星表》(IC)，分别包含 1520 个 和 3866 个天体，从而使 IC 天体总数达到 5386 个。即使在今天，缩写 NGC 和 IC 与梅西耶星表的 M 都表示天空中最亮的星系和其他非恒星物体，不仅为专业天文学家而且为全世界的业余天文学家所熟知。

上图　室女座的 M89 是一个椭圆星系，距离我们约 5000 万光年。它具有几乎完美的球形，因此被归类为 E0。下方是一个小型旋涡星系。图片来源：欧洲航天局 / 哈勃和美国国家航空航天局、S. Faber 等人。

旋涡星系

在大众想象中，旋涡星系是与一般意义上的银河系原型相对应的那些星系。这个想法源于这些天体的历史，因为它是旋涡星系，包括仙女座星系，是第一个被认为是银河系外天体的星系。

除了哈勃序列之外，还引入了新的标准来对这些星系进行分类，这些星系的特点是由老的星族 II 恒星形成的核球，浸入富含气体和尘埃的薄盘中，在这里主要观察到星族 I 恒星。由于在一些星系中，旋臂形成了一个环形，因此德沃库勒引入了字母"r"来标识环形，而那些具有开放式旋臂的星系则用一个"s"来标识。

此外，在保持原有的旋涡（S）和棒旋（SB）的区别的同时，法国人还增加了另一类旋涡星系，即具有非常分散的臂（Sd 或 SBd），以及圆盘是主要成分，而核球几乎没有的一类，被认定为 Sm 或 Sbm。

右图　NGC 4526 位于大约
5500 万光年之外，在室女座
的方向。它是一个透镜星系的
例子，有一个气体和尘埃的圆
盘和一个非常微弱的棒状物。
正因如此它被归类为 SAB0，
是介于 SA0 和 SB0 之间的
一个中间类型。图片来源：欧
洲航天局 / 哈勃和美国国家航
空航天局；鸣谢：朱迪·施
密特。

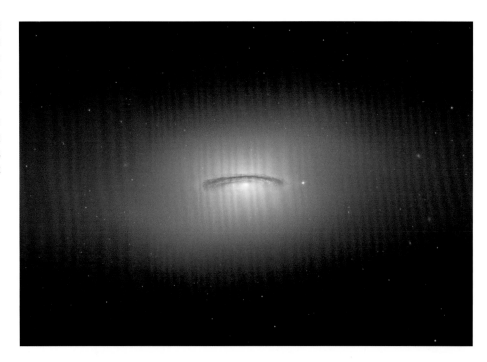

上图　NGC 7742，距离我们约 7200 万光年，位于飞马座，是环状旋涡星系的一个很好的例子，由哈勃空间望远镜拍摄。图片来源：哈勃遗产团队（美国
大学天文研究协会卫星 / 空间望远镜研究所 / 美国国家航空航天局 / 欧洲航天局）。

旋涡星系和超级星体

许多旋涡星系的恒星形成率高于银河系，通过观察它们，有可能发现它们内部的稀有恒星。

在用哈勃和斯皮策空间望远镜研究 M83 星系时，2016 年，由马里兰州格林贝尔特的美国国家航空航天局戈达德太空飞行中心的鲁巴布汗领导的天文学家团队发现了两颗年轻的双星，大约有 100 个太阳质量，与"超级明星"海山二非常相似，由两个分别为 30 个和 100 个太阳质量的物体组成。

这种大质量恒星的寿命非常短，因此很难找到，但是研究它们对于了解其在星系化学演化中的作用至关重要。

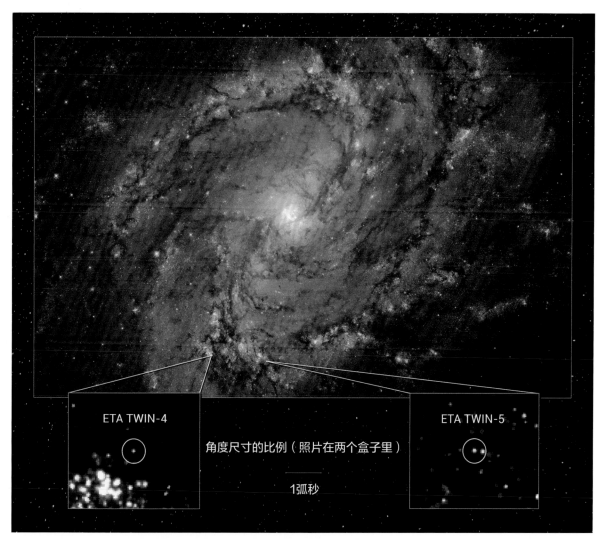

上图　在 M83 中发现的超级恒星，海山二的"双胞胎"。图片来源：美国国家航空航天局、欧洲航天局、哈勃遗产团队（空间望远镜研究所／美国大学天文研究协会卫星）和 R. Khan（戈达德宇宙飞行中心和 牛津放射性碳年代测定加速器装置）。

NGC 4565，位于后发星座，是一个美丽的旋涡星系，位于 4000 万至 5000 万光年之外。它被昵称为"针"星系。当它作为一个切片出现在我们面前时，它的核球是清晰可见的。图片来源：欧洲航天局。

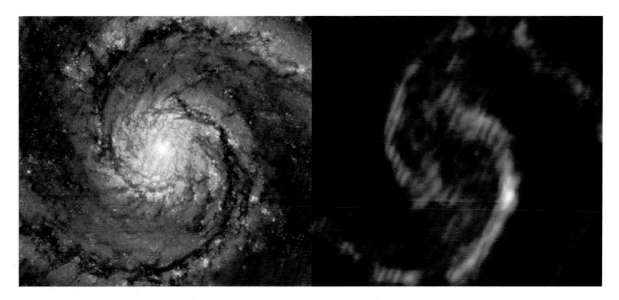

上图　通过研究涡状星系（M51）的无线电发射，在 2004 年有可能表明，用射电望远镜观察到的气体结构（右）与可见光中的旋臂结构（左）一致，支持密度波理论。图片来源：空间望远镜研究所，欧文斯谷无线电天文台，IRAM。

与椭圆星系不同，在旋涡星系中，圆盘中丰富的星际物质促成了许多新恒星的诞生。特别是，旋臂部的形成率很高，非常明亮，充斥着年轻的蓝色恒星。在这些星云旁边，还有可能识别出由电离氢形成的巨大星云，也称为 H II 区域（在天体物理学中，化学元素用其首字母和罗马数字表示，惯例是 I 表示中性元素；因此中性氢用 H I 表示，而电离氢用 H II 表示，读作 acca secondo）。

正如哈勃已经观察到的那样，旋涡星系的圆盘经常被气体和恒星形成的巨大棒状物穿过，这也发生在我们的银河系。而正如上一章所提到的，银河系和其他旋涡星系的圆盘中的恒星遵循着一种较差的旋转，表明这些星系并不像一个刚性体那样旋转。然而，模型显示，在足够长的时间之后，较差旋转将趋于使圆盘均匀，并使旋臂消失。这一事实与观察相反，这表明存在某种机制能够使旋臂"存活"。

解释这一机制的理论是由美国天体物理学家林家翘和弗兰克·徐遐生在 20 世纪 60 年代提出来的。根据他们的假设，旋臂并不总是由相同的恒星和相同的星际介质形成，它们只是恒星和气体密度较高的区域。旋涡结构将由持久的密度波支持，而密度波是由不断"流动"和变化的物质组成的。密度波理论似乎可以很好地解释旋涡星系的结构，也被应用于解释土星环的形成。

我们可以通过与交通进行类比来更好地理解这个想法。比如一段高速公路正在进行施工，迫使汽车放慢速度，而且只能在一条车道上行驶。这些星星就像汽车，而这段道路工程代表了旋涡星系的一条旋臂。在该路段，汽车的密度高于高速公路的其他路段，但同时，在该路段行驶的汽车也在不断地发生变化，因为在穿过该路段后，它们会继续行驶。

星系的旋臂是密度较高的区域，这一事实也可以解释其较高的恒星形成率。事实上，密度波有助于压缩与臂对应的星际介质，从而让位于新恒星的形成。

不规则星系

顾名思义，这些星系没有椭圆星系的典型对称性，也没有旋涡星系中观察到的有序的恒星运动。在哈勃分类中，确定了两大类不规则星系。第一类不规则星系：Irr I 型，也称为"不规则麦哲伦云"，因为它们的原型位于麦哲伦云中。这种类型的星系具有低表面亮度，在它们当中，电离氢或单个恒星的 H II 区域很容易识别。在这些不规则星系中，可能会看到一些具有非常扭曲的旋涡结构的星系，这表明它们曾经是旋涡形状的，后来由于引力作用而变形，例如在与另一个星系相互作用之后。除了麦哲伦云，Irr I 的一个例子是位于大熊座的 NGC 5204，大约 19000 光年宽并且明显不规则，尽管可以在其中识别出旋涡结构的痕迹。在第二类不规则星系（Irr II）中，反而不容易识别单颗恒星，平均亮度非常高，由尘埃带构成的黑暗区域很容易被注意到。它们没有任何特征可以让它们被置于哈勃分类中。

巨人中的小矮子

除了主要类型的星系之外，宇宙中还有一些矮星系，它们是较大星系的"缩影"，如银河系或仙女座星系。它们的形态各不相同：可以是椭圆的，不规则的，甚至是旋涡形的。天文学家用前缀"d"来表示这些天体，这是英文矮星系的首字母。因此，有 dS 和 dE 星系，分别是矮旋涡星系和椭圆

本星系群

属于本星系群的星系图。除了银河系（中心）之外，还可以认出 M31（仙女座星系）和 M33（三角座星系）。几个矮星系挤在银河系周围。图片来源：欧洲航天局 / 斯帕沃内等人。

800万光年

600万光年

400万光年

200万光年

星系动物园与公众天文学家

得益于日益强大的工具，已经有可能观察到大量不同形状的星系。为了对它们进行分类，天文学家向世界各地的天文学爱好者寻求帮助。2007年，星系动物园诞生了，这是一个公众科学项目，号召全民参与。

通过一个专门的网站，爱好者们可以查看数以千计的星系图像，以识别它们的形态。该项目取得了巨大的成功，数十万名志愿者对数以千万计的图像进行了分类。

上图 星系动物园网站的截图。

上图 天炉座矮星系，银河系的卫星星系之一。图片来源：欧洲航天局/数字化巡天2。

星系，还有矮不规则星系 dIrr。我们可以想象，宇宙中这些"小家伙"的恒星含量比正常星系低得多，它可以从几千颗到几十亿颗不等，因此至少比我们在银河系中可以观察到的恒星数量小100倍。

在不同类别的矮星系中，特别令人感兴趣的是矮椭球星系，它们是非常小而暗弱的星系，其最初的两个样本是在20世纪30年代在天炉座和雕具座中被确认。这些天体非常难以捉摸，密度不大，因此探测它们非常困难。毫不奇怪，大多数已知的矮椭球星系是银河系的卫星星系。尽管它们所包含的恒星数量与球状星团相当，但是它们的规模要大得多，它们的延伸范围一般都超过了1000光年。因此，对于相同数量的恒星来说，它们的亮度要比球状星团的亮度低得多。人们不禁要问，这么少的恒星是如何聚集起来形成这些银河系的"迷你岛"的？答案在于暗物质的作用，暗物质的贡献远比银河系中发生的事情重要。由于这个原因，矮椭球星系是天文学家猎取暗物质的主要目标之一，尽管它们的质量很低，但它们显示出非常高的暗物质浓度。然而，在矮星系中寻找暗物质的工作可能会比预期的更加复杂。2019年，来自北京中国科学院的郭琦领导的研究小组发现了19个矮星系，这些星系似乎由普通物质而非暗物质主导。AGC 213086的质量约为140亿个太阳的质量，人们认为它的可见质量约为总质量的2%，而恒星和气体似乎占总数的27%，远远超过预期。因此，观察到新的暗物质贫乏的星系为这些较小星系的构成开辟了新的前景。

走进本星系群

我们在天空中观察到的星系几乎从来都不是完全孤立的，而是或多或少的大星系团的一部分，天文学家称之为星系群和星系团。

我们的星系也不是孤立的，而是与几十个其他星系在一起，它们一起形成了我们所说的本星系群。对于如此小的星系群，天文学家实际上不是在谈论星系团，而是在谈论"群"。本星系群以银河系和仙女座星系为主，占整个星系群质量的 90%，并被其他较小的星系包围。天文学家不断发现本星系群的新成员，其中许多是矮星系，目前约有 80 个成员，分布在约 1000 万光年的地方。

在银河系的卫星星系中，我们已经见到了两个麦哲伦云和几个矮星系，如天炉座矮星系、雕具座矮星系和人马座矮星系。仙女座的"卫星星系"包括 M32 和 M 110，这两个星系在所有广域照片中都很

上图　哈勃空间望远镜拍摄的大熊座星系 M82。以前，它被归类为不规则的，但在 2005 年，在红外线中发现了两个对称的旋臂。图片来源：美国国家航空航天局、欧洲航天局和哈勃遗产团队（空间望远镜研究所 / 美国大学天文研究协会卫星）。

明显，另外还有几个矮星系，其中包括飞马座的矮椭球星系。在本群中，规模排名第三的是 M33，位于三角星座的著名的旋涡星系。

　　本星系群属于室女座超星系团，同名星系团也属于该超团。但在发现这些巨大的"星系城市"的奥妙之前，让我们先看看活跃的星系，它们是银河系的一些最奇特和最活泼的"表亲"。

在仙女座的"飞行"中

　　2005 年，哈勃空间望远镜收集了 400 多幅 M31 星系的拼接图像，总共覆盖了 48000 光年宽的区域。这是仙女座星系的第一个超清分辨率的拼接图像，这使得我们有可能从盘面和内部区域观察到超过 10 万颗恒星。基于这一全景图，天文学家得以验证大型旋涡星系结构与演化的模型。

由哈勃空间望远镜"重建"的仙女座星系。图片来源：美国国家航空航天局、欧洲航天局、达尔坎顿、威廉和杰森（华盛顿大学）、PHAT 团队和詹德勒。

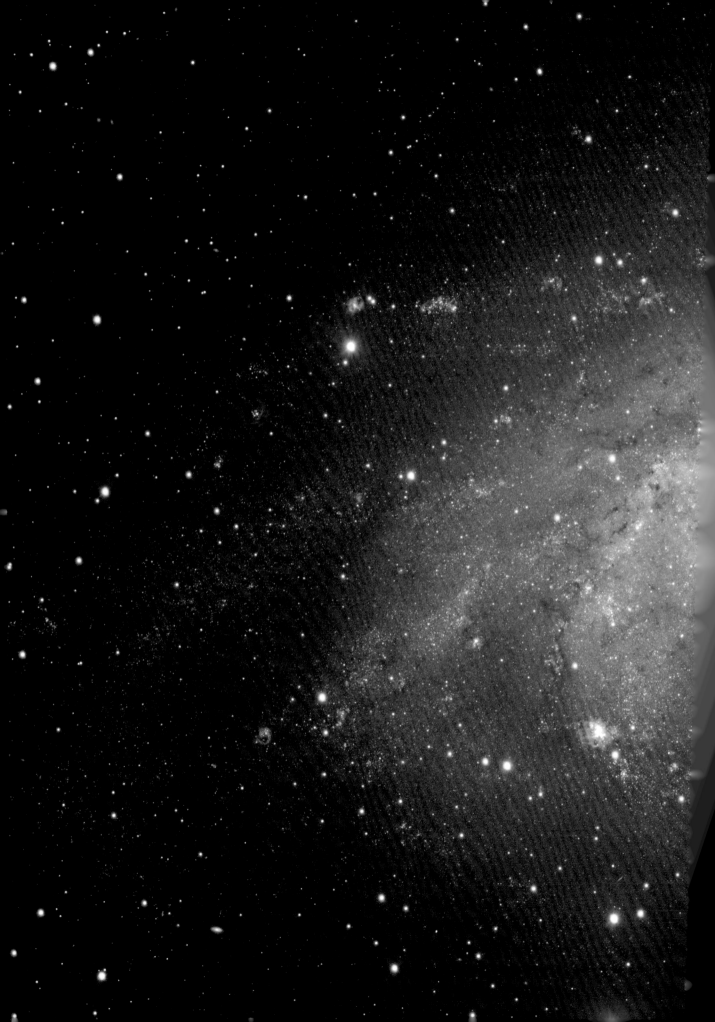

排名第三

　　紧随银河系和仙女座星系之后的 M33 星系是本星系群中的第三大星系，其质量约为 500 亿个太阳质量，直径超过 60000 光年。这个美丽的旋涡星系距离我们 270 万光年，处于肉眼能见度的极限，但与仙女座不同，它的表面亮度很低，要看到它，你需要非常黑暗的天空。它的结构由几个非常宽的旋臂组成，属于 SA 型旋涡星系，除了 HII 区域外，还可以非常清晰地突出星族 I 和星族 II 的恒星。图片来源：欧洲航天局。

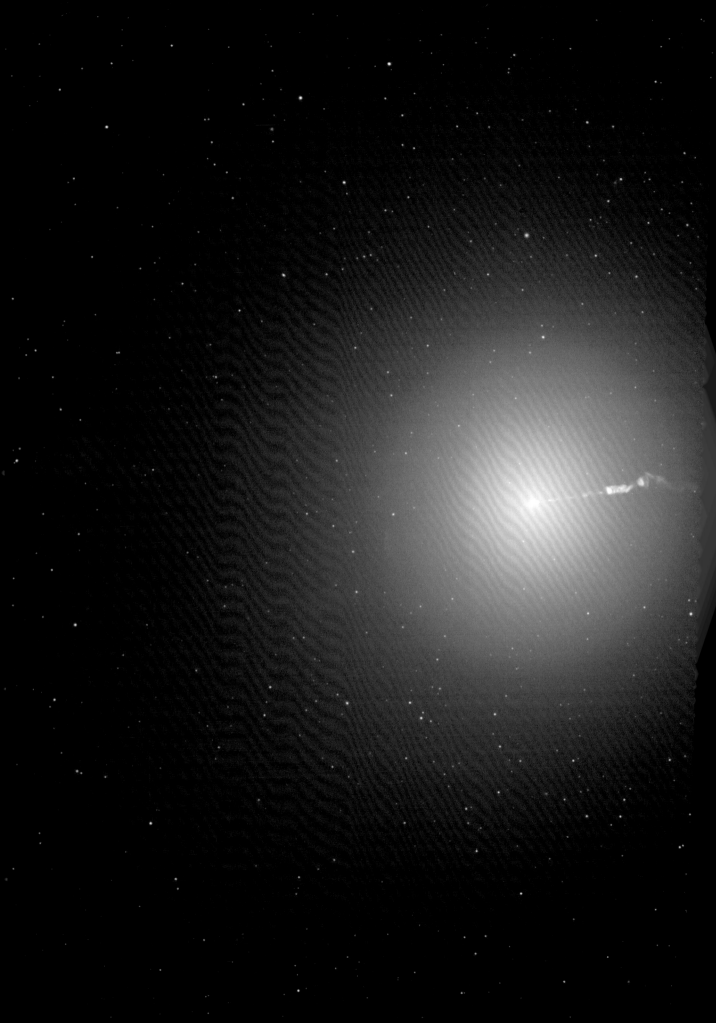

第四章

黑暗之心

我们进入了比银河系更明亮、更奇异的活跃星系的奇特世界。 为了了解它们的秘密，我们在它们神秘的核心中进行一次旅行。

天空，从无线电波到伽马射线

　　天体不仅发射可见光，还发射无线电波、紫外线和其他类型的光。事实上，光是由不同长度的电磁波组成的，我们的眼睛只能看到那些介于 400 纳米到 700 纳米的电磁波，对应于彩虹中从紫到红的颜色。在较长的波长下，有红外线和无线电波；在较短的波长下，有紫外线、X 射线和伽马射线。每种类型的光都是由不同的现象产生的，由于多波段的天文学，我们可以深入研究天体的秘密。

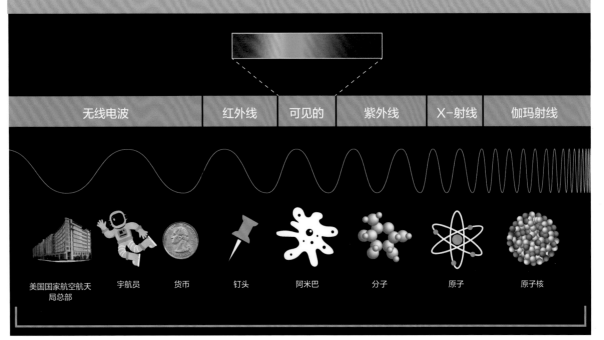

无线电波	红外线	可见的	紫外线	X-射线	伽玛射线
美国国家航空航天局总部	宇航员　货币	钉头	阿米巴　分子	原子	原子核

上图 简明扼要的电磁波谱。所描绘的物体的尺寸与它们旁边的电磁波的尺寸相对应。图片来源：阿什莉·坎贝尔。

上页图：巨椭圆星系 M87，也是一个射电星系，其中心有一个超大质量的黑洞，是一条长约 5000 光年的喷射物起源地。图片来源：美国国家航空航天局、欧洲航天局和哈勃遗产团队（STSCI/ 大学天文研究协会）；致谢：P. Cote（赫茨伯格天体物理研究所）和 E. 巴尔兹（斯坦福大学）。

　　爱德文·哈勃在他 1936 年出版的论文《星云世界》的第一章中写道："天文学的历史是由转瞬即逝的视野组成的。"在这一章中，这位美国天文学家探讨了他对星系的发现，包括他在十年前开发的著名音叉图。在收集了新的观察结果后，人们很快地清楚了星系动物园比哈勃想象的要丰富得多。

　　例如，一些星系表现出非凡的亮度，比银河系等"普通"星系高出数十倍。但更令人惊讶的是，这些星系可以在几天甚至几小时内或多或少地变得明亮。这种奇怪的行为被天文学家总结为"活动星系"。

　　很长一段时间以来，活动星系的性质仍然是一个谜，因为第一个星系是在哈勃著作出版几年后发现的，当时射电天文学刚刚迈出了第一步。该书出版一年后，格罗特·雷伯建造了他的第一台射电望远镜，并开始绘制天空的射电发射图。在他的观察过程中，他发现了许多未知性质的无线电波来源。由于已知银河系主要由恒星组成，因此很自然地认为这些是探测到无线电波的原因。

　　雷伯还不知道，但在他观察到的"射电星"中，有一颗位于天鹅座，将永远改变天文学的历史。

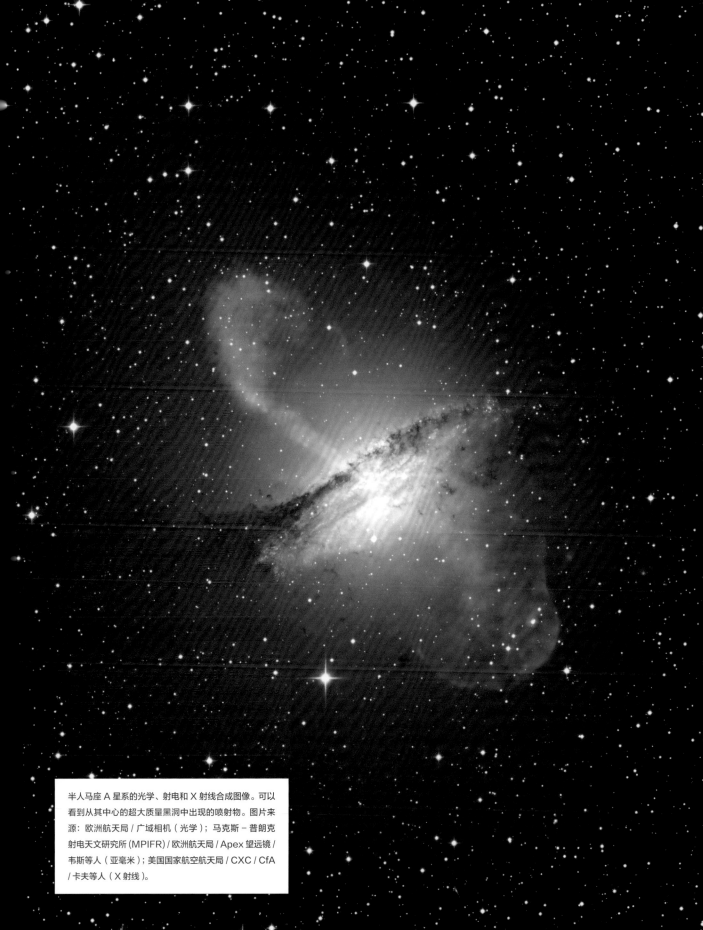

半人马座 A 星系的光学、射电和 X 射线合成图像。可以看到从其中心的超大质量黑洞中出现的喷射物。图片来源：欧洲航天局 / 广域相机（光学）；马克斯－普朗克射电天文研究所 (MPIFR) / 欧洲航天局 / Apex 望远镜 / 韦斯等人（亚毫米）；美国国家航空航天局 / CXC / CfA / 卡夫等人（X 射线）。

上图　澳大利亚 SKA 的一些天线的艺术视图。图片来源：SPDO/TDP/DRAO/Swinburne Astronomy Productions－SKA 项目开发办公室和 Swinburne Astronomy Productions（CC BY 3.0）。

拓展阅读
一个决议问题

　　角分辨率（分辨小细节的能力）是望远镜的基本参数，因为它可以确定恒星的位置及其在天空中的大小。分辨率随着仪器直径的增加而提高，但在长波下观察会减弱。

　　射电望远镜的工作波长在几毫米到几十米之间，是可见光波长的数十万倍。因此，这些仪器的分辨率同样会比较差，要具有与 1 米望远镜相同的分辨率，例如，射电望远镜在 5 厘米的波长上观测就必须有 100 千米大。

　　然而，科学家们设计了干涉测量法，这种技术可以将两个或多个相距很远的仪器收集到的信号结合起来。

　　这样一来，分辨率就相当于一个直径等于仪器间距的望远镜的分辨率。因此，今天的天文学家们更喜欢建造天线网络，而不是一台大型射电望远镜，比如上图中的平方千米阵列（SKA），它将在几年内投入使用，由数千台射电望远镜组成。

射电望远镜中的星系

雷伯的细致工作开始结出硕果，向天文学界展示了射电天文学可以为我们理解宇宙做出重要的新贡献。然而，与光学望远镜不同，当时的射电望远镜的角分辨率有限，无法对射电源进行非常精确的定位。

1948 年，位于悉尼的联邦科学和工业研究组织（澳大利亚的主要公共研究机构）的天文学家约翰 – 博尔顿和戈登 – 斯坦利利用澳大利亚和新西兰的一系列射电望远镜，使用干涉测量法大大地提高了角度分辨率，达到了不到半度的分辨率。通过这种方式，他们表明金牛座 A、半人马座 A 和室女座 A 这三个射电源的位置与那些已经从其他波长的观测中知道的天体的位置一致。金牛座 A 与著名的蟹状星云相吻合，它位于梅西耶星表中的首位（M1），而另外两个星系分别与半人马座的 NGC 5128 星系和室女座的 M87 椭圆星系有关。

然而，在大致相同的天体位置这一事实并不足以证明无线电发射实际上来自这些天体。事实上，天空由许多物质组成，并且总是存在完全随机的"空间巧合"的可能性。数据还显示，这些光源非常明亮，这意味着它们要么非常接近，要么距离更远，但亮度不寻常。

对星系射电发射的最终确认是在 1954 年，当时沃尔特·巴德和鲁道夫·利奥·伯恩哈德·闵可夫斯基分别从威尔逊山和帕洛马山进行观测，在射电源天鹅座 A 的位置发现了一个微弱的星系，他们测量了与该星系的距离，大约 6 亿光年。测量到该星系的距离约为 6 亿光年，他们确认这个遥远的物体是天鹅座 A 的无线电发射。

随着新的射电望远镜的投入使用，更多的射电星系可以被识别。1950 年，剑桥大学射电天文学小组在马丁·赖尔和弗朗西斯·格雷厄姆·史密斯的协调下，开始了一系列的观测活动，产生了重要的射电源目录，例如 1959 年出版的第 3 剑桥射电源表（3C），其中天鹅座 A 作为 3C 405 出现。

今天的观测显示，许多放射状星系不是点状的，而是伴随着两个巨大的（射电）瓣延伸到太空中。就 3C 236 而言，这是一个位于小狮座约 13 亿光年之外的射电星系，其（射电）瓣相距

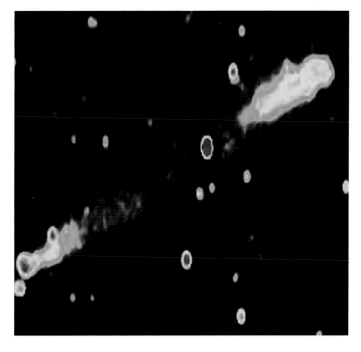

右图　射电星系 3C 236。图片来源：NVSS、WRST、Mack 等，1996 年。

一个星系，许多星系

　　通过在不同波长下观察所显示的银河系。从上到下：毫米波；远红外线；近红外线；在可见光下。对同一物体在不同波长下的研究使天文学家能够收集不同且互补的信息，从而更好地了解其结构及其组成部分。图片来源：Consorzio 欧洲南方天文台 /ATLASGAL/ 美国国家航空航天局 /consorzio GLIMPSE/ VVV Survey/ 欧洲航天局 /Planck/D. Minniti. Riconoscimento Guisard: Iqnacio Toledo, Martin Kornmesser。

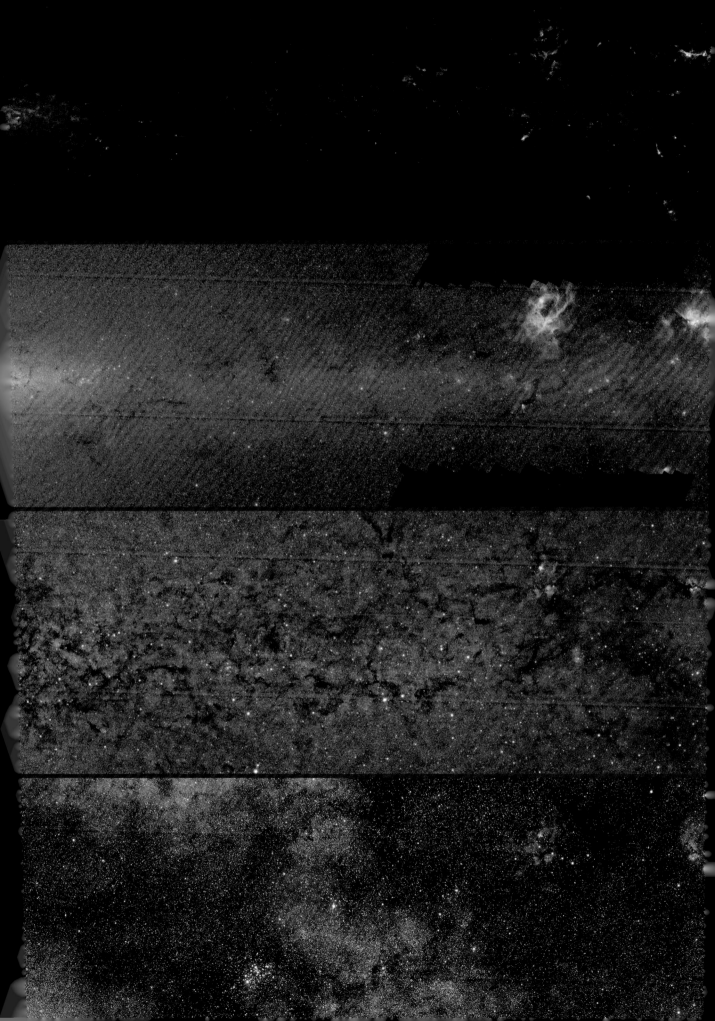

1500 万光年，约为仙女座星系距离的 6 倍。

观察射电星系的光谱，可以推断出射电发射是由能量非常高的带电粒子产生的，例如电子，沿着浸在星系磁场中的巨大物质喷流运动。在这些条件下，电子发出能量，产生所谓的"同步辐射"，这是一个众所周知的物理现象，在粒子加速器中也能观察到。

这些数据表明，在射电星系的中心隐藏着一种"引擎"，能够将粒子加速到非常高的能量，并证明它们的极端亮度是合理的。

赛弗特之谜

射电星系并不是唯一看起来非常明亮的星系。早在 1943 年，美国天文学家卡尔·基南·赛弗特（Carl Keenan Seyfert）在对旋涡星系进行系统研究的过程中，已经确定了六个特别明亮的天体，其

上图 用无线电波、X 射线和可见光观察到的射电星系天鹅座 A。红色的射电观测数据显示了该星系的两个巨大（射电）瓣。图片来源：X 射线：美国国家航空航天局 /CXC/SAO；光学：美国国家航空航天局 /STScI；射电：NSF/ 美国国家射电天文台 /AUI/VLA。

上图　旋涡星系 NGC 4151 属于赛弗特 1 型。在它的中心是一个 5000 万太阳质量的黑洞。图片来源：大卫·W. 霍格，迈克尔·R. 布兰顿和斯隆数字天空调查合作组织。

中包括哈勃多年前已经研究过的鲸鱼座星系 M77。

赛弗特指出，这些星系的核心是蓝色的，非常明亮，以至于它覆盖了最外层区域的辐射。在研究它们的光谱时，他观察到一系列明亮的发射线，表明有气体云在核心周围以每秒数千千米的速度高速移动。不幸的是，塞弗特本人没有看到这些超亮星系的神秘面纱被揭开。他于 1960 年 6 月 13 日在纳什维尔的一场车祸中去世，享年 49 岁。为了纪念他，这些星系今天仍被称为"赛弗特星系"。

随后的研究确定了其他塞弗特星系，也表明这些天体不仅发射可见光，还发射红外线、紫外线和更高能量的辐射，如 X 射线和伽马射线。在某些情况下，也有射电发射，几乎可以肯定与同步辐射有关。

赛弗特星系根据其光谱的特点被分为两大类，即 1 型与 2 型赛弗特星系。根据谱线的宽度，可以确定气体云的速度。1 型赛弗特的特点是由氢、氦和其他电离元素产生的非常宽的发射线，这些元素来自以每秒数万千米速度移动的气体云。还观察到与移动速度较慢的气体云有关的较窄的谱线，其速度为每秒几百千米。同时，在 2 型星系中，观察到较窄的线条，这与较慢的电离气体云有关。

上图　第一个发现的类星体 3C 273，由哈勃空间望远镜拍摄。它距离我们大约 24 亿光年 。图片来源：欧洲航天局 /Hubble e 美国国家航空航天局 .W. Hogg, Michael R. Blanton e Sloan Digital Sky Survey Collaboration。

银河系外太空的灯笼

在剑桥射电源中，有 3C 48，它是许多"射电星"中的一个，其性质仍然未知。1960 年，美国天文学家艾伦·雷克斯·桑德奇（Allan Rex Sandage）用帕洛玛山的反射望远镜观察，宣布他发现了这个源的光学对应物，它表现为一颗 16 等的微弱蓝色恒星，带有一个小突起。3C 48 的奇怪形态并不容易解释，同样难以理解这个看起来像恒星的物体的射电辐射的起源。

两年后，随着对一个非常相似的射电源 3C 273 的研究，谜团开始解开。前面提到的约翰·博尔顿能够非常精确地确定这个射电源的位置，并在它被月球隐藏时观察到它。由于月球边缘的轮廓是非常精确的，因此可以通过测量光源被遮挡的时间来非常准确地确定其位置。多亏了这项测量，同年 12 月，荷兰天文学家马腾·施密特能够识别 3C 273 的光学对应物，它在外观上也是恒星型的，并且具有非常高的分辨率。

在分析光谱时，施密特观察到氢线的存在，这些氢线有强烈的红移。将这种位移解释为多普勒效应所致，就有可能估算出与源头的距离，结果发现是 24 亿光年。尽管距离很远，但要做到如此明亮，这个神秘的源头至少要比普通的星系亮上 1000 倍。不久之后，这些神秘的、看起来几乎是恒星的射电源开始被称为"类星体"，由类星射电源收缩而来，即"类星射电源"。通过研究这些光源的光变特性，可以确定发光区域只有几光年大，与整个星系的大小相比非常小。

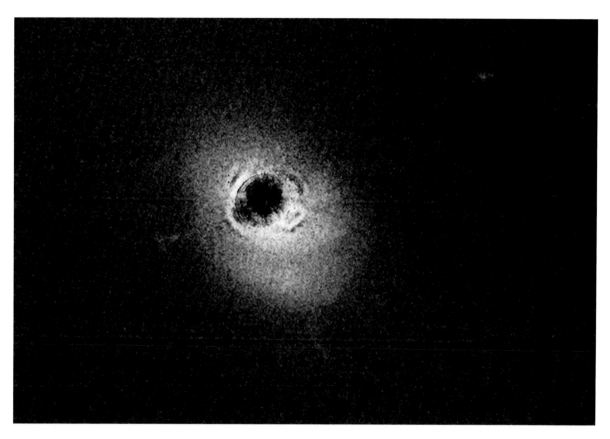

上图　得益于哈勃空间望远镜，3C 273 的核心光线得以被过滤，从而显示出承载它的星系的其他部分。图片来源：美国国家航空航天局和 J. Bahcall（IAS）。

上图　斯隆数字巡天的 2.5 米反射望远镜。图片来源：Alfred P. Sloan Foundation / 斯隆数字巡天。

为了在数十亿光年的距离上详细研究如此小的区域，天文学家不得不求助于无线电甚至光学干涉测量。2018 年，由特拉维夫大学哈盖·内策尔领导的天文学家团队成功地结合了安第斯山脉甚大望远镜的四个 8 米望远镜发出的光，首次观察了 3C 273 核心周围的气体云，并测量了它们的速度和与中心区域的距离。这使得我们有可能直接观察这些区域，这些区域距离中央核心不到半光年。

后来，不发射射电波的类星体被发现，这就是为什么今天我们简单地说是类恒星天体，或 QSO，来指称类星体和类星射电源的天体。今天，我们知道了几十万个类星体，这主要归功于斯隆数字巡天等自动搜索计划，其主要望远镜是安装在新墨西哥州阿帕奇角天文台的 2.5 米口径的反射镜。2019 年年底，斯隆数字巡天团队发布了一份新的收集数据目录，其中有超过 75 万个天体，三分之一以前从未被观测过。

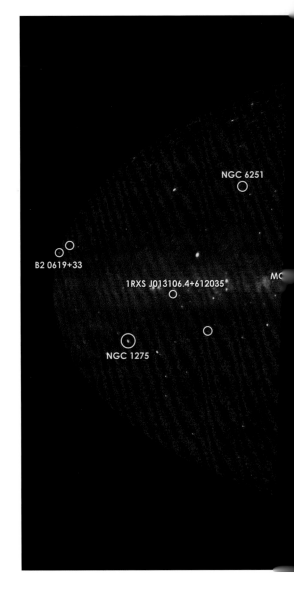

拓展阅读
天体的光变特性和尺寸

天体的光变特性可以用来估计它的大小。例如，类星体和其他活动星系的亮度随时间变化，从几天到几年不等。以时间表示的光源的大小必须小于其光变特性的倍数。换句话说，由于光以有限的速度传播，因此在一定时间间隔内亮度变化的物体的大小必须小于当时光所传播的空间。例如，如果变化的最短时间是一天，则物体的尺寸必须小于约 260 亿千米，即光在一天内传播的距离。同时，一年的光变特性尺度意味着大约一光年的维度。事实上，如果维度更高，我们将同时接收到从源的不同部分在非常不同的时间发出的信号，这将混合并消除任何变化的迹象。通过这种方式，可以估测许多活动星系的发射来自核心周围几光年宽的区域。

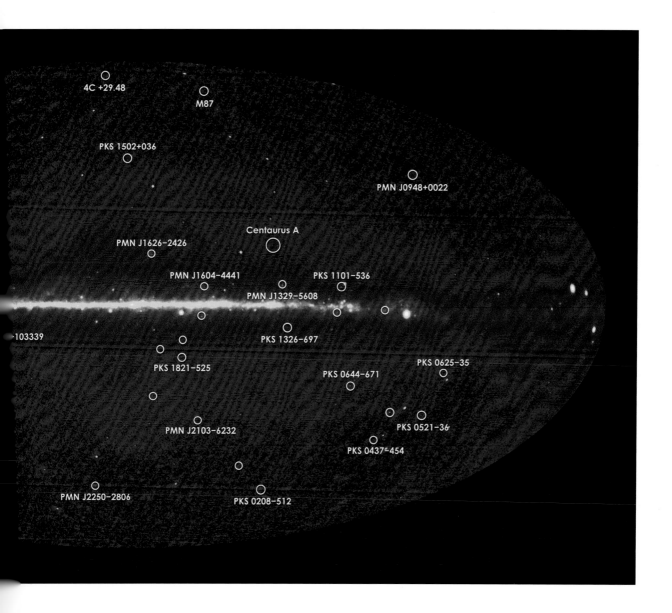

上图 弗米伽马射线观测站上的 LAT 望远镜前 5 年的观测图。图中显示的是 LAT 发现的一些活动星系。图片来源：美国国家航空航天局/DOE/Fermi LAT 合作组织。

熊熊燃烧的星系

类星体并不是唯一骗过天文学家的"射电星"。1926 年，德国天文学家库诺·霍夫迈斯特在蝎虎座发现了一颗小星，它的亮度在 14 等到 17 等之间变化，时间从几小时到几天不等。

这个奇怪的源头被命名为蝎虎座 BL，一直被归类为变星，直到 1968 年，在同一地点发现了一个非常强烈的射电源。对射电辐射的分析，结合其光学对应物的蓝色，导致了 BL Lacertae 是一个新类星体的假设。然而，该物体的光谱并不像类星体的光谱，甚至也不像塞弗特星系的光谱。通过利用源亮度

所有的费米耀变体

　　耀变体是天空中数量最多的伽马射线源。在费米伽马射线观测站上的大面积望远镜（LAT）仪器识别的第四份源表中，由费米-LAT 合作团队于 2019 年在《天体物理学报》增刊上发表，在大约 5000 个源中，有3000 多个被识别为耀变体。即使在伽马射线中，耀变体的亮度也会在相对较短的时间范围内变化。在几个小时内，它们可以变得比原来亮几十倍，就像 2012 年 9 月发生在 70 亿光年外的 3C 454 耀变体上一样。

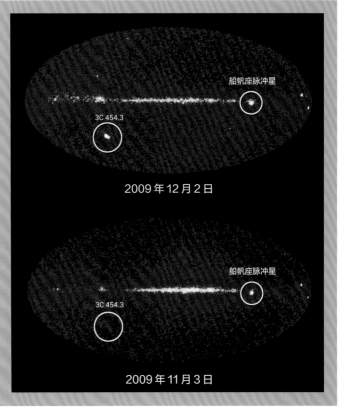

右图　2009 年，耀变体 3C 454 的伽马射线亮度突然增加。这些图像还显示了船帆座脉冲星，它通常是天空中最强烈的伽马射线源。图片来源：美国国家航空航天局/DOE/Fermi LAT 合作组织。

低的时期，天文学家能够看到星系的其他部分，这些部分的光线通常会被星系核的光线所掩盖。BL Lacertae，缩写为 BL Lac，原来是 9 亿光年外一个星系的明亮的活动核心。除了发射无线电波和可见光外，BL Lac 还发射更多高能辐射，如 X 射线和伽马射线。

　　当然，多年来还发现了其他天体，比如 BL Lac，我们现在知道它是被称为"耀变体"的活动星系的一个亚家族。

　　这个名字是 BL Lac 和 quasar 的缩略语，指的是英文 blaze，即"fammata"。事实上，耀变体也有类似于一些不显示非常明显发射线的类星体的光谱特征，例如 3C 273。耀变体的另一个非常重要的特征是它们的快速变化，这可能发生在非常短的时间尺度上，甚至是几个小时的数量。迄今为止，已经确定了数千颗耀变体，天文学家用多波段的望远镜组织观测活动，以监测它们在不同波长下的亮度变化情况。从这些信息中，我们可以了解耀变体体本身和其他活动星系的真实性质。

进入核心之旅

观察结果表明，从大幅度光变到光谱特征等若干细节，可能是各种类型的活动星系所共有的。此外，由于发射源位于这些星系的中心，天文学家们更愿意说"活动星系核"，或 AGN，以表示这些天体中心的光源。

为了解释不同类型的活动星系核的性质和行为，我们现在有了一个统一的模型，能够从单一类型的天体的角度来解释从赛弗特星系到类星体等不同类型的外观。

根据这个模型，活动星系核的"中央引擎"将是一个超大质量黑洞，其质量从几百万太阳质量到几百亿太阳质量不等。被这个宇宙怪物的巨大引力所吸引，周围的物质开始围绕黑洞旋转，形成所谓的吸积盘，其大小可以从太阳系的几倍到几百分之一光年不等。由于吸积物质的黏性摩擦，圆盘被加热到数百万度的温度，并产生了从可见光到紫外线和 X 射线的明亮发射。圆盘发出的部分光线将与周围的电子"冕"相互作用，产生强烈的 X 射线发射。

圆盘的光发射使周围地区的气体云电离。气体云发出的光集中在不同的光谱线上，这取决于所存在

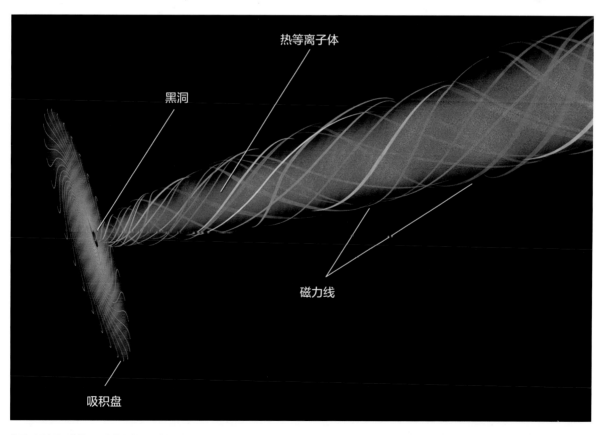

上图　活动星系核的吸积盘产生磁场，其磁力线因吸积盘本身的旋转而"扭曲"。这形成了一个锥体，将发射的粒子引导到特定方向。图片来源：美国国家航空航天局、欧洲航天局 和 A. Feild（STScI）。

来自其他星系的中微子

2017 年 9 月 22 日，安装在南极洲的冰立方探测器发现了一个能量非常高的中微子，几乎是可见光的 300000 亿倍。该粒子的起源方向与 TXS 0506+056 的位置一致，这是一个几十亿光年外的耀变体。费米空间观测站的伽马射线分析表明，该耀斑当时的亮度有所增加，这一结果也被无线电、光学和 X 射线观测所证实。中微子和耀变体之间的可能联系将表明，AGNs 也是强大的粒子加速器。

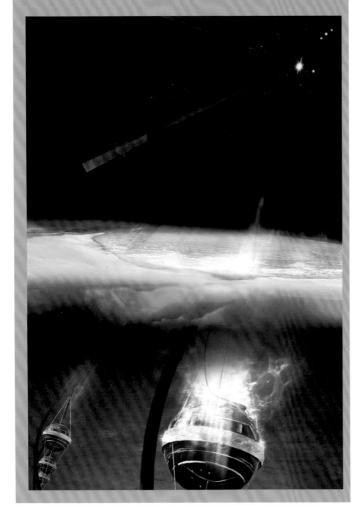

上图　费米卫星（左上）已经确定了冰立方仪器所揭示的超能量中微子的来源，它在南极冰层下一千米多深的地方。图片来源：美国国家航空航天局 / 费米和索诺玛州立大学的 Aurore Simonnet。

的气体，气体云的速度越快，光谱线本身就显得越宽。在黑洞几光年内运行的最里面的云，"感觉"到更强的引力，以每秒数万千米的速度移动，产生最宽的线。在更远的地方，最多几百光年，我们发现云层只以每秒几百千米的速度移动，产生较窄的谱线。

向外移动，我们会发现一个巨大的气体和尘埃的"环形"。数学家并不是用这个词来识别一种动物，而是指环形的几何形状，或者大致是一个甜甜圈的形状。这个巨大的结构延伸到几千光年的地方，可以吸收内部区域的光线，加热并发出红外辐射。

圆盘中的一些物质并没有落入黑洞，而是形成了巨大的物质喷流，延伸至数千光年。在喷流内，粒子被加速到接近光速，并发射出不同类型的辐射，从无线电波到伽马射线。喷流形成的机制还没有被完全理解，但人们相信它们是磁场、吸积盘和中心黑洞之间相互作用的结果。

角度问题

根据统一的模型，不同类型的活动星系核仅仅根据它们相对于我们的空间方向而显得不同。例如，射电星系是从侧面看到的活动星系核，因此我们可以观察到相对论喷流产生的两个（射电）瓣的发射。如果倾斜度不同，活动星系核们就会以塞弗特星系的形式出现在我们面前，其发射线是由圆盘周围的云层产生的。特别是，当倾角较小时，暗的（尘埃）环

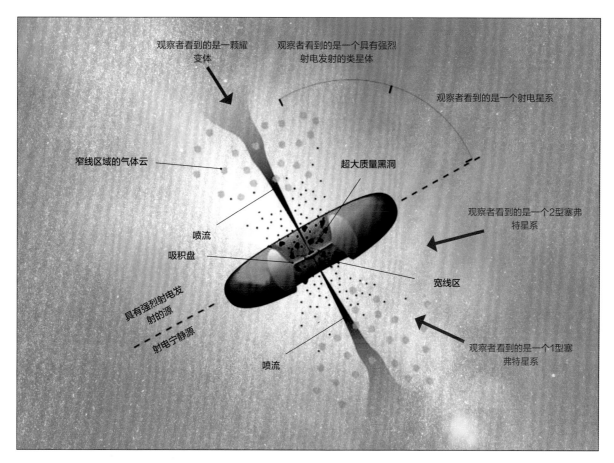

上图 活动星系核（AGN）的统一模型。根据观察活动星系核的方向，它表现为具有不同特征的天体。图片来源：美国国家航空航天局 图像改造。

状体遮挡了内部云层，我们只能看到较远的云层，产生较窄的线条，是典型的塞弗特 2 型。在更大的角度上，我们还可以看到塞弗特 1 型的典型宽线。最后，当倾角几乎垂直于我们的视线时，我们是沿着两个喷流中的一个看。因此，我们看到了喷流本身的前端，它在我们看来是点状的。通过这种方式，我们可以解释类星体和耀变体的发射（见上图）。

虽然统一模型可以很好地解释活动星系核的大部分特征，但仍有许多方面需要澄清，例如喷流形成的机制，或不同类别之间过渡活动星系核的某些类别的性质。

为了更全面地了解活动星系核，天文学家特别会在它们的亮度变化时观察它们，以研究在不同波长下变化是如何发生的。 这项多频率研究将帮助我们揭开这些星系的黑暗之心，并了解它们在宇宙中星系演化的更大图景中的作用。

变色龙星系

　　2019 年 9 月，由马里兰大学的 Sara Frederick 领导的天文学家团队观察到 6 个与塞弗特 2 型非常相似的 LINER 星系，它们的亮度增加并变成类星体。正如《天体物理学杂志》中所讨论的，这种突然的"外观变化"可能与偶发事件有关，例如中心黑洞捕获的一颗恒星的毁灭，或者更可能是更复杂的过渡机制的结果，涉及所有的星系核心。如图所示，NGC 4102 是 LINER 星系的一个例子，是低电离核发射线区域的首字母缩写，即具有低电离发射线的核区域。图片来源：感谢欧洲航天局 /Hubble，美国国家航空航天局和 S. Smartt。(Queen's University Belfast): Renaud Houdinet。

第五章

在星系的生活

从小星系团到巨大的超星系团，通过研究它们栖息地中这些巨大的恒星家族，我们可以揭示它们的演化过程，并了解它们何时出现在宇宙舞台上。

上图 1995 年被称为"哈勃深场"的天空图像。经过十天的曝光,它以前所未有的方式"深入"(远离)宇宙。图片来源:R. Williams (STSCI), Hubble Deep Field Team and 美国国家航空航天局。

上页图 天炉座星系团。底部是棒旋星系 NGC 1365,左侧是椭圆星系 NGC 1399,是周围椭圆星系中最亮的一个。图片来源:欧洲南方天文台;鸣谢:Aniello Grado 和 Luca Limatola。

"星系就像沙粒"。科幻爱好者也许会从这些话中认出英国作家布赖恩·阿尔迪斯(Brian Aldiss)的著名短篇小说系列。但是,用这些话来描述人类历史上最不寻常的照片也许是最恰当的。

1995 年,美国国家航空航天局决定将哈勃的眼睛对准北斗七星之一的天权(北斗四)附近的天空区域。从 12 月 18 日开始的十天里,望远镜不间断地观察了那一小片天空,包括圣诞节,累计曝光时间约为 100 小时。这项工作的结果是一个前所未有的空间和星系的图像。

哈勃望远镜的视野非常小,只有 2.6 弧分,相当于从 20 米外看到的一角硬币的角尺寸。 然而,在那一小片天空中,我们可以观察到大约 3000 个星系,它们像阿尔迪斯所说的沙粒一样散布在整个宇宙中。 我们看到椭圆星系和旋涡星系,有些比其他星系更大或更亮,很自然地想知道它们为什么如此不同以及它们的历史是什么。

研究星系的形成和演化是现代天文学的一大挑战，如今的科学家们可以通过哈勃和其他仪器来面对来自宇宙的光和其他"信使"，如粒子和引力波。

在室女座的界域里

正如我们所见，最小的星系集团被称为星系群，它们包含几十个到几百个天体。最著名的例子当然是银河系所在的本星系群。然而，如果我们观察我们的宇宙"邻居"，我们会发现更明亮的团聚体，称为"星系团"，其体积略大于本星群，包含多达数千个星系。

一些星系团，称为"规则"星系团，近似球形，主要由中心区域的椭圆星系和外围区域的旋涡星系组成。另一些星系团，称为"不规则"星系团，顾名思义，没有清晰的结构，内部有不同类型的混合星系。在某种意义上，这种差异类似于在星团中发现的差异，其中球状星团的规则结构与疏散星团中更多样化的恒星分布形成对比。星系团也根据它们包含的星系数量分为"贫"或"富"。

在 20 世纪，科学家开始越来越全面地研究它们。在 20 世纪 60 年代，瑞士天文学家弗里茨－茨威基（Fritz Zwicky）编制了一份系统的目录，横跨数卷，包含近 3 万个单独的星系和超过 9000 个星系团。最近，越来越多的最新目录被编制出来，例如，从斯隆数字巡天的数据或者从夏威夷大

上图　哈勃空间望远镜，于 1990 年发射。它彻底改变了对遥远天体（如星系）的研究。图片来源：欧洲航天局。

哈勃的星系全景图

哈勃深场望远镜的成功让许多科学出版物问世，并且说服美国国家航空航天局重复类似的长曝光"照片"。1998 年，哈勃对准南部的杜鹃座 10 天，制作了哈勃深场南区，2003 年轮到哈勃超深场，其中包含约 1 万个星系。然后用超过 50 个小时的曝光来"访问"位于天炉星座的同一区域，从而在 2012 年形成了哈勃极深场，在其中我们可以看到创纪录的 132 亿光年的星系。

上图　哈勃极深场（XDF）。图片来源：美国国家航空航天局、欧洲航天局、G. Illingworth、D. Magee 和 P. Oesch（加利福尼亚大学圣克鲁兹分校）、R. Bouwens（莱顿大学）和 HUDF09 团队。

上图　哈勃空间望远镜拍摄的室女座星系团的中心区域。小黑圈覆盖了一些明亮的星星。M87 是左下方的明亮星系。图片来源：Chris Mihos（凯斯西储大学）/ 欧洲南方天文台。

学 2001 年根据 X 射线卫星 ROSAT 收集的数据中开展的大规模星系团测量（MACS）项目开始。

　　离我们最近的星系团是室女座星系团，距离我们大约 5300 万光年。由于相对较近，可以对其进行非常详细的研究，并可以让我们对这些非同寻常的星系团的物理学有很多了解。在一个大约 1000 万光年大的区域内，有大约 1300 个不规则排列的星系，集中在三个主要成员周围。最大的一组集中在巨大的 M87 星系周围，我们已经看到它是最有趣的活动星系之一。另外两组则集中在 M49 和 M60 星系周围。该星系团的总质量估计约为 100 万亿倍太阳的质量，其中大部分是以暗物质的形式存在。

　　由于多普勒效应，可以测量星系团内单个星系的速度；发现每秒几百千米到几千千米的值，与其他集群相似。然而，在 X 射线中观察室女座星系团（和许多其他星系团）时，我们注意到组成它的星系沉浸在由几千万度的微弱电子等离子体形成的明亮晕中，它填充了星系之间的空间。

　　在更远的地方，大约 6200 万光年，我们发现了天炉座星系团，由集中在椭圆星系 NGC 1399 周围的星系群组成，在其中我们还可以观察到一个壮观的棒旋星系，即 NGC 1365。

上图　这张 M87 的合成图像是通过不同波长获得的数据叠加得到的。紫色表示了 X 射线晕。图片来源：美国国家航空航天局、欧洲航天局 和 Z. Levay (STScI)。

上图　两个巨大的椭圆星系 NGC 4874 和 NGC 4889，位于后发座星系团的中心。图片来源：美国国家航空航天局、欧洲航天局、J. Mack 和 J. Madrid 等人。

移动到 3 亿光年之外，我们遇到了规则形状的后发座星系团，其中包含大约 1000 个天体，集中在巨大的椭圆星系 NGC 4874 和 NGC 4889 周围的两个主要星群中。在研究这个星系团时，茨威基在 20 世纪 30 年代假设存在一个"缺失的质量"，我们现在称之为暗物质。

走向超星系团及更远的地方

但宇宙的等级制度并没有就此结束。星系团可以自己组合成更大的结构：超星系团。早在 1953 年，杰拉德·德·沃库勒尔就提出，本星系群与室女座星系团一起是本超星系团的一部分，现在也称为室女座超星系团。这个巨大的结构包括大约 100 个星系团，分布在大约 1.1 亿光年宽的范围内。

2014 年 9 月，加拿大天文学家理查德·布伦特·塔利（Richard Brent Tully），当代最重要的宇宙学家之一，与夏威夷大学的一些同事一起提出，这个超星系团实际上是一个更大的结构的一部分，这个结构被称为拉尼亚凯亚超星系团。正如《自然》杂志中所解释的，所选名称源自夏威夷语，大致意思是"广阔的天空"。据估计，拉尼亚凯亚包含大约 100000 个星系，分布在 5 亿光年的范围内。与星系团不同，从引力的角度来看，拉尼亚凯亚似乎并不稳定，而是倾向于"蒸发"，因为组成它的不同元素正在远离我们和彼此远离，因此随着宇宙的膨胀，拉尼亚凯亚的引力中心还有另一个惊喜：所谓的"巨引源"。它的性质尚不清楚（它本身可能是一个星系团或超星系团），但可以肯定的是，它表现为引力场的"异常"，即质量集中，位于距地球 1.5 亿光年远的地方。事实上，如前所述，叠加在拉尼亚凯亚的组成部分相互远离的退行运动之上，还有一小分量表明了包括银河系在内的拉尼亚凯亚超星系团是如何被这个异常微弱的力量所吸引的。

然而，在宇宙结构的规模上，不是只有超星系团；事实上，这些星系团可以延伸到数千万光年，并反过来形成巨大的构型，被称为"细丝"，延伸到数亿光年。这些是宇宙中绝对最大的结构。例如，拉尼亚凯亚是一个巨大的丝状体的一部分，被称为双鱼座－鲸鱼座超星系团（也由塔利确定），它绵延 10 亿光年，总共包含一亿个太阳质量。

从大爆炸到最初的宇宙结构

为了发现第一批星系和星系团是如何产生的，我们必须简要回顾一下早期宇宙演化的主要阶段。1929 年，爱德文·哈勃发表了一篇具有里程碑意义的论文，其中他表明宇宙正在膨胀，这一结果在很大程度上被观测证实。在 20 世纪 90 年代末，对遥远的超新星的观察使我们有可能证明，在我们称之为暗能量的作用下，膨胀正在以一种加速的方式进行。广义相对论定律很好地描述了宇宙尺度上的引力行为，因此有可能将宇宙的膨胀向后追溯到万物起源的初始事件，即"大爆炸"。我们对这个"大爆炸"

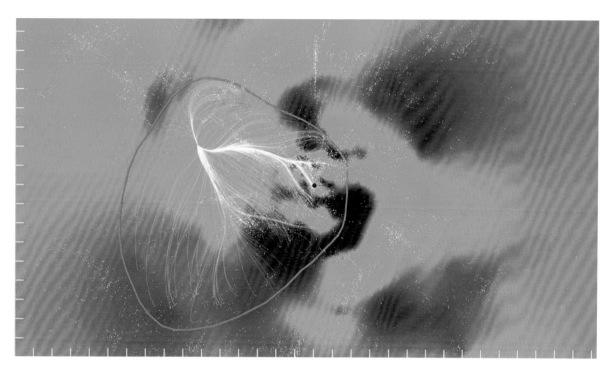

上图　拉尼亚凯亚超星系团的计算机重建，由橙色线划定。白点代表星系，绿色区域代表它们最集中的区域。白线显示了向超星系团中心的运动。蓝点显示了银河系的位置。图片来源：R. Brent Tully (U. Hawaii) et al., SDvision, DP, CEA / Saclay。

仍然知之甚少，实际上它并不是一个大爆炸，发生在大约 138 亿年前。

但我们可以假设，当时所有的物质都集中在一个密度和温度非常高的点上。为了描述这一非同寻常的事件，正常的物理学定律是不够的，仍然需要做出很大努力来构建一个能够描述这种极端条件的理论。然而，目前的物理学允许我们追溯到大爆炸后约 10^{-43} 秒，即所谓的"普朗克时间"。

大爆炸之后，宇宙开始膨胀，越来越冷，直到达到目前的密度（9.9×10^{-30} g/cm^3）和温度（绝对零度以上 2.7 摄氏度）。然后，人们认为，在大爆炸后约 10^{-36} 秒后，宇宙经历了一个指数膨胀的阶段，被称为"暴胀"，持续时间长达 10^{-32} 秒。暴胀在放大一个区域和另一个区域之间非常小的温度和密度差异方面发挥了根本性的作用，而这些各向异性、这些不均匀性，是导致第一个宇宙结构形成的"种子"。然后我们知道，自然界有四种基本的相互作用：引力、电磁力、强相互作用和弱相互作用（见第 101 页方框）。但人们相信，在那个遥远的时代，这四种力量被统一为一种单一的相互作用。后来，随着温度下降，它们分开了。

在那个阶段，温度如此之高，以至于空间充满了夸克和轻子，它们以非常高的能量运动。 大约在那个时候，一种被称为重子生成的现象被认为有助于在物质和反物质之间造成不平衡，从而导致由物质组成的当今宇宙。 后来，随着膨胀的进行，宇宙变得越来越冷，它的能量被稀释成越来越大的体积。在大爆炸后大约百万分之一秒的能量密度较低的情况下，夸克可以结合在一起形成第一个质子和中子，

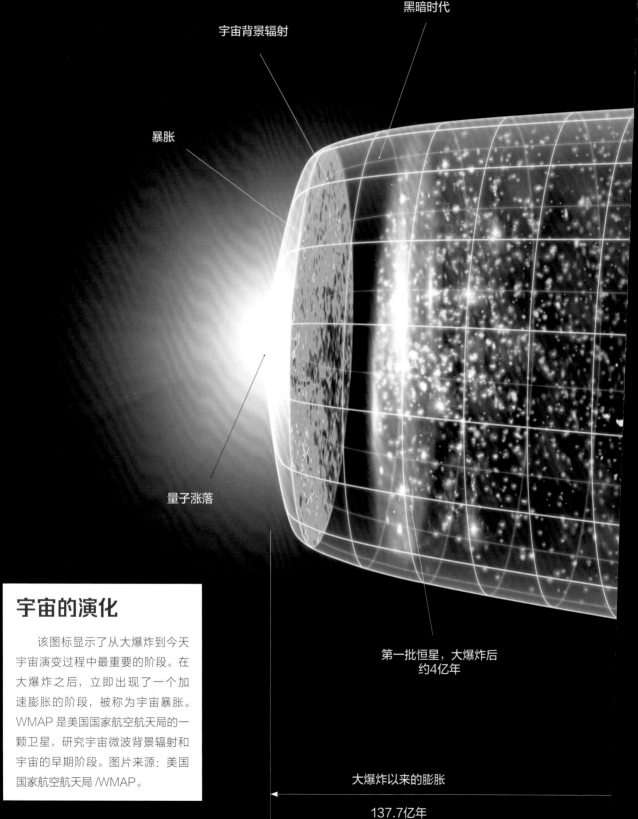

黑暗时代

宇宙背景辐射

暴胀

量子涨落

第一批恒星，大爆炸后
约4亿年

宇宙的演化

　　该图标显示了从大爆炸到今天
宇宙演变过程中最重要的阶段。在
大爆炸之后，立即出现了一个加
速膨胀的阶段，被称为宇宙暴胀。
WMAP 是美国国家航空航天局的一
颗卫星，研究宇宙微波背景辐射和
宇宙的早期阶段。图片来源：美国
国家航空航天局 /WMAP。

大爆炸以来的膨胀

137.7亿年

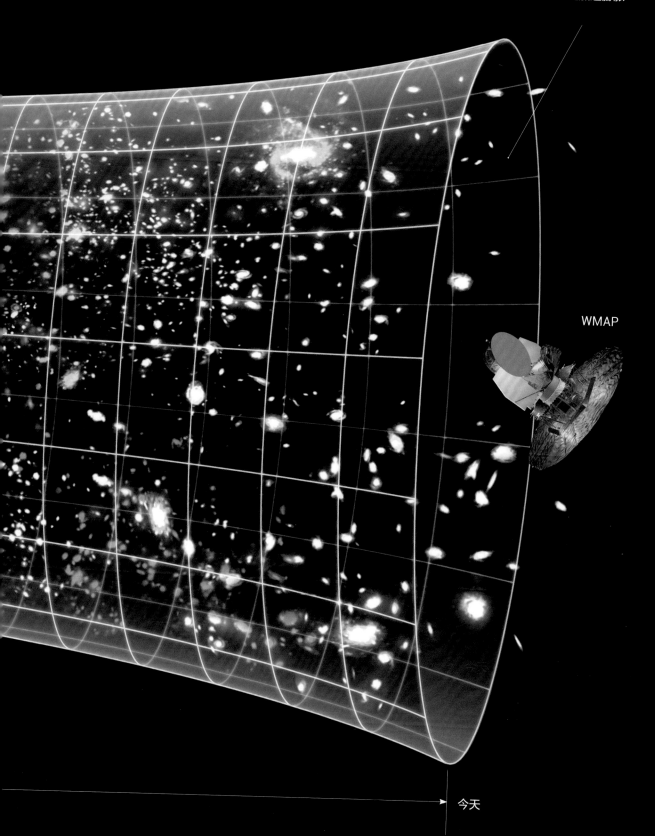

暗能量加速膨胀

WMAP

今天

右图　所谓的"千年计划"的模拟。它显示了超过 100 亿个粒子（每个粒子代表一个星系）的分布以及它们在 20 亿年内的演化。图片来源：Springel 等人 / Max-Planck-Institut für Astrophysik。

它们是原子核的组成部分。

几分钟后，当温度降至"仅"十亿度时，中子和质子开始结合形成氦核和氘核；然而，仍然有一小部分自由质子，实际上是氢核。简而言之，那是原始核合成的时代，即宇宙中第一个化学元素的形成时代。令人惊讶的是，这些质子中的大多数诞生于很久以前，与构成太阳、地球和我们自己的质子相同。

宇宙演化的一个新的重要阶段发生在大约 38 万年之后，在 3000℃ 左右的温度下，电子开始与存在的原子核结合，创造了第一个原子。在这一阶段，光不再有足够的能量将电子从原子上扯下来，因此电磁辐射开始自由传播，正如物理学家所说，它与物质"脱耦"。该现象产生的光线一直保持到今天，尽管它被宇宙的膨胀"拉长"了，并在微波波长下可见。它就是著名的宇宙背景辐射，我们可以把它看作大爆炸的"回声"。

宇宙中的第一盏灯

在宇宙背景辐射的"闪光"之后，宇宙陷入了黑暗。 在那个遥远的时代，仍然没有星系或恒星等光源。除了因宇宙膨胀而变成红外光的宇宙微波背景辐射外，无线电波场中只有氢原子发出的 21 厘米的辐射。没有可见的光源，宇宙一片漆黑。出于这个原因，天文学家谈到了"黑暗时代"。

几亿年后，情况开始好转，当时气体的"块状"开始在密度大的区域形成，并在重力作用下开始坍缩。由于引力坍缩造成的压缩，气体的温度越来越高，直到引发了宇宙历史上的第一次核融合。就这样，第一颗恒星诞生了。

这些被称为星族 III 的恒星的存在仍然是假设性的，但是我们可以想象它们的特征是什么。首先，它们是从氢气和氦气云中诞生的，其中锂和铍的比例很小，因此金属丰度很低。

根据恒星演化的模型，气体的低金属丰度会使这些恒星达到相当大的质量，最高可达几百个太阳质量。但是质量最大、亮度最高的恒星寿命最短，因此星族 III 恒星很可能只活了几百万年就作为超新星

拓展阅读
自然的四种力量

在自然界中，我们观察到四种基本力。自古以来就知道的是引力，它取决于物体的质量，以及电磁力中电和磁的现象取决于电荷。在亚原子水平上，我们发现强相互作用负责原子核的凝聚力，而弱相互作用则涉及一些放射性衰变和核聚变等现象。基本粒子的标准模型通过称为"介体玻色子"的粒子交换来解释这些相互作用，除了引力之外，这些相互作用是唯一的例外，例如光子"携带"电磁相互作用。

在大爆炸模型中，最初这些力在一个基本相互作用中统一，然后它们按照一种称为对称破缺的机制"分离"，成为今天已知的四种基本力。

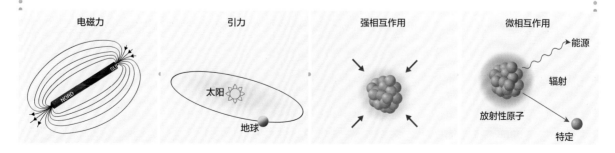

上图　图片来源：星空调查局/SHUTTERSTOCK。

物质的基本构成单位

基本粒子的标准模型是在 20 世纪发展起来的，它基于自旋将物质的基本成分分为两个家族，自旋是一种与粒子固有角动量相关的量子特性。

在具有整数自旋的玻色子中，除了 2012 年在日内瓦欧洲核子研究中心发现的著名的希格斯玻色子之外，还有调节基本相互作用的粒子，它负责提供粒子质量的机制。

半整数自旋（1/2、3/2 等）的费米子被分为夸克和轻子。前者以一对或三对的形式排列，形成所谓的强子粒子，包括质子和中子。轻子包括电子、μ 子和 tau 粒子，以及三个系列的中微子。它们的名字来自希腊语 leptos，意思是"光"，因为电子的质量比质子和中子小很多。除了引力之外，夸克"感受"电磁力、强力和弱力，而轻子"感受"电磁力和弱力。

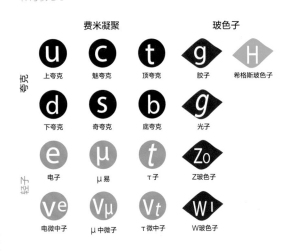

上图　根据标准模型，基本粒子的分类。

爆炸了。

这些第一批恒星为宇宙带来了光明，结束了黑暗时代。此外，它们强烈的紫外线开始电离宇宙中的气体，导致天文学家所谓的"再电离"，这可能发生在大爆炸后 1.5 亿到 10 亿年之间。

新生的星系

当星族 III 恒星的光在宇宙中亮起时，物质已经开始在引力的作用下凝聚起来。从对宇宙背景辐射的观察中，有可能测量出非常小的密度差异，大约为百万分之几，这是一个非常小的数值，但它足以产生第一批星系和大规模结构。如果我们以灯丝为例，我们可以估计，这些区域的密度比周围环境的密度高约 100 倍。在星系中，物质的密度甚至比星系间的空间还要高 100 万倍。因此，真正的挑战是要了解宇宙背景辐射中的微小各向异性是如何产生类似星系这样的物质浓度的。

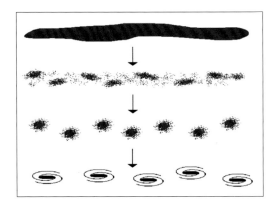

上图　自上而下的图景，星系是由较大的结构形成的，然后分裂开来。图片来源：Mae Ann M. Crisponde。

为了专注于星系形成的细节，还有许多方面需要澄清，但我们有一些重要的观点可以作为我们理论的基础。首先，暗物质似乎在星系形成的早期阶段发挥了至关重要的作用。这种奇怪类型的物质仅受重力影响，因此被认为比普通物质更早地开始坍缩并形成团块。事实上，宇宙中存在的光辐射所施加的压力会减缓后者的坍缩。

然后，普通物质的坍缩被巨大的暗物质云所产生的场所驱动。正因为如此，物质开始沿着巨大的丝状物排列，形成一种巨大的"海绵"，暗物质团块就位于其中。这种现象也是由复杂的计算机模拟描述的，反映了我们今天仍然在宇宙中观察到的大规模结构。在密度最大的区域，物质因此开始坍缩，形成了第一批星系。同样，这里的时间还没有被精确确定，但据认为这一阶段发生在大爆炸后的几亿到十亿年之间。1962 年，有人提出了一种被称为"自上而下"的设想，根据这个模型，星系的诞生是由浸泡在热的暗物质晕中的巨大物质结构产生的。在坍缩之后，物质继续形成巨大的圆盘，这些圆盘破碎，产生较小的"团块"，星系将从这些团块中诞生。实际上，这是一种从大到小的演变。

这一设想解释了若干观测方面的问题，如星系团的形成，但仍有一些问题有待解决。例如，形成时

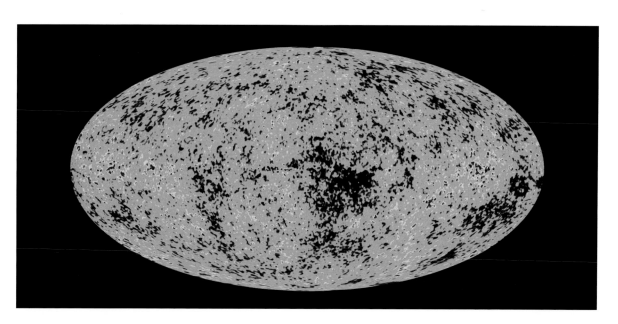

上图　由 WMAP 卫星制作的宇宙背景辐射图。图片来源：美国国家航空航天局。

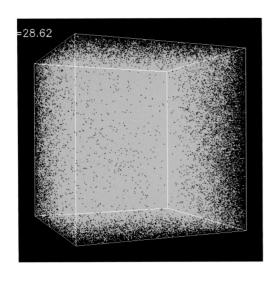

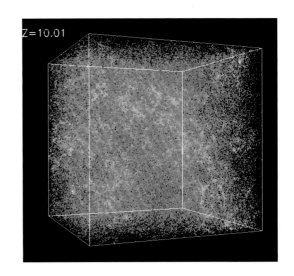

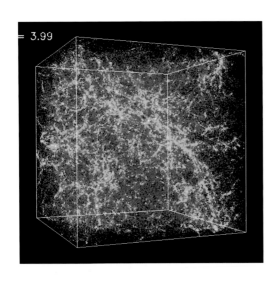

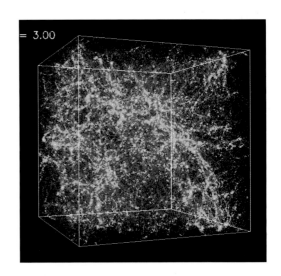

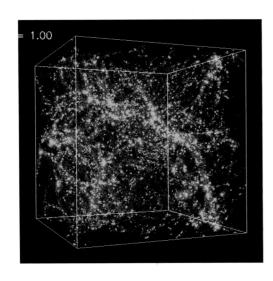

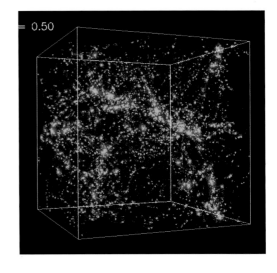

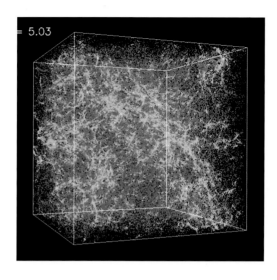

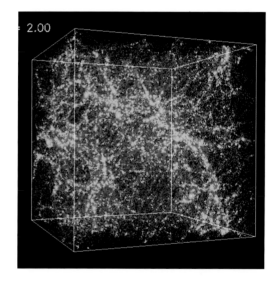

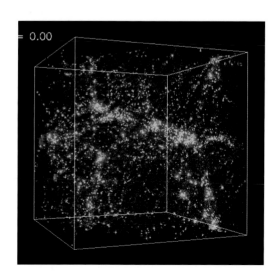

人工智能手中的宇宙

为了研究宇宙中结构的形成，天文学家依靠复杂的数值模拟，需要超级计算机和非常长的计算时间。2019 年，由卡内基梅隆大学的何咏芳协调的一个团队将这些复杂的模拟委托给一个基于神经网络的人工智能程序。在《美国国家科学院院刊》中讨论的这个项目被称为深层密度位移模型，它允许在 30 毫秒内进行模拟，而通常需要数百小时。

间，将是非常长的，这应该导致形成中的星系今天仍然被观察到，但事实并非如此。此外，暗物质将无法保持小结构的稳定，而是倾向于使各种碎片坍缩并进一步融合在一起。作为这一设想的替代方案，也有人提出了一个反向模型，称为"自下而上"，即从较小的冷暗物质晕开始，在晕内物质坍缩形成大小适中的结构，这些结构逐渐凝聚，变得越来越大，并在一定时间后产生星系。因此，在这种情况下，也提出了旋涡星系和椭圆星系之间的演化联系，星系合并的过程是普遍的，即使在今天我们也经常在宇宙中观察到这种现象。

因此，这些庞然大物之间的相互作用在它们的演化中起着根本性的作用。因此，让我们发现，当它们中的两个发生碰撞时，会发生什么，以及这些巨大的宇宙"事故"是如何引导星系的演变和塑造当今宇宙的。

左图　这个模拟显示了在一个边长为 1.4 亿光年的宇宙"立方体"中形成的星系团和丝状物。左上角的图片对应的时间是宇宙的年龄还不到现在的 1%。左下角的图片显示了今天的情况。图片来源：Andrey Kravtsov（芝加哥大学）和 Anatoly Klypin（新墨西哥州立大学）在国家超级计算机应用中心进行的模拟；Andrey Kravtsov 的视觉化。

第一批恒星

　　宇宙中第一批恒星的图片，这些恒星在宇宙大爆炸后不超过 2 亿年才会出现。这些是我们现在所说的星族 III 的恒星，如果还有的话，还没有被确认。图片来源：美国国家航空航天局 /WMAP 科学小组。

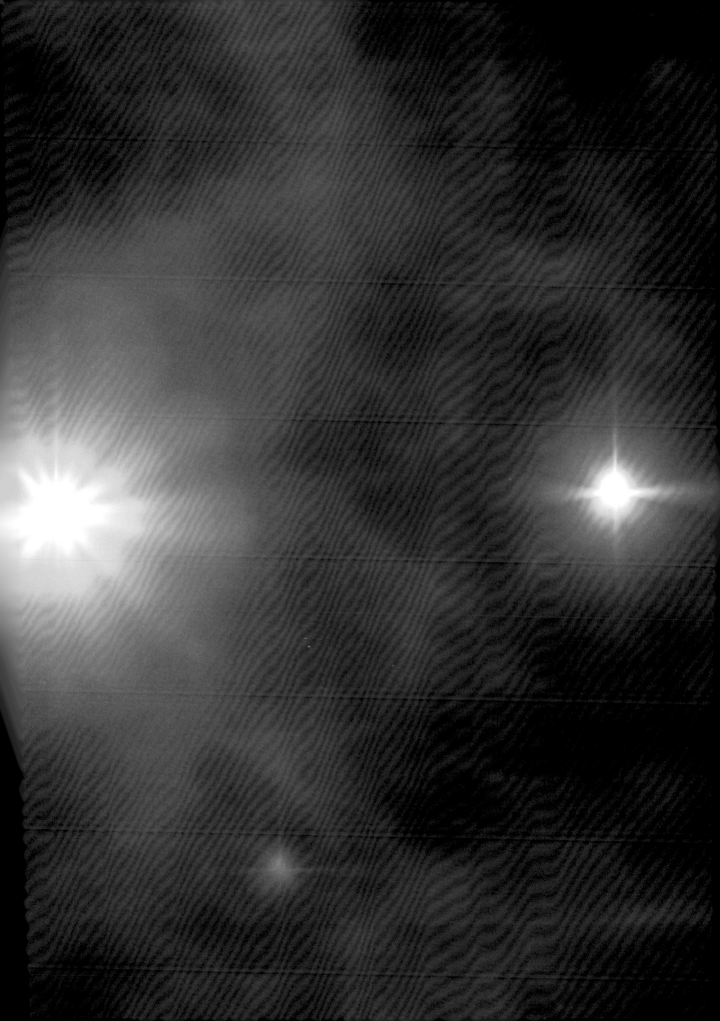

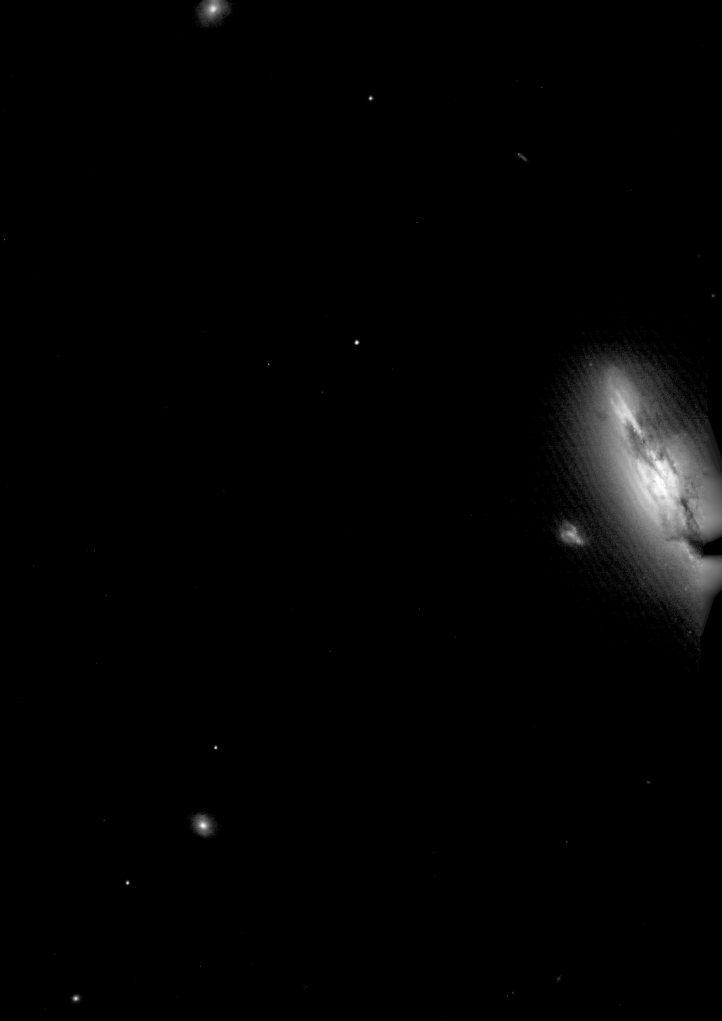

宇
宙
中
的
事
故

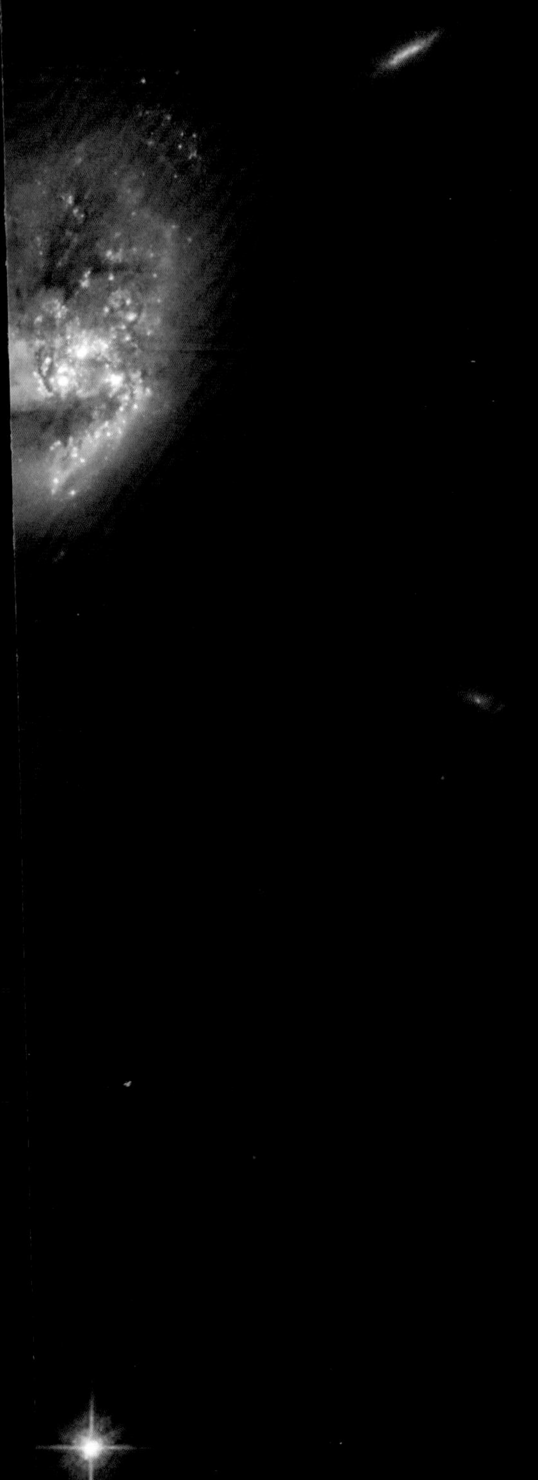

当两个星系相遇时会发生什么？研究这些壮
观的宇宙碰撞中发生的引力相互作用，有助
于我们更好地了解宇宙中星系的组成和演化。

科学家们喜欢时不时地下几个赌注。通常情况下，只是朋友间互开玩笑，也许是为了在一些有争议的科学话题上挑战同事。星族的发现者沃尔特 - 巴德（Walter Baade）曾经说过，他曾经和爱德文·哈勃赌了 20 美元，赌谁会首先通过望远镜识别出一个完全孤立的星系。这两位天文学家检查了数百个星系，这些星系的分布通常非常混乱，似乎没有任何真正的孤立天体。而且，显然，他们俩都无法找到真正孤立的星系，因此 20 美元没有被谁揣在裤兜里。

如果我们看一下星系的图像，我们实际上意识到，它们经常被其他类似的天体所包围，距离或远或近。银河系的情况也是如此，我们在其周围发现了麦哲伦云和许多矮小的星系。同样的情况也适用于仙女座和我们在室女座星系团中观察到的巨大椭圆星系。即使是 M51，罗斯勋爵在 1845 年首次发现旋臂的涡旋星系，也有小星系 NGC 5195 相伴。

在这些巨大的宇宙岛屿的一生中，受重力法则支配的相互作用是一个非常重要的方面。在以非常长的华尔兹方式相互绕行之后，两个星系可以合并，形成一

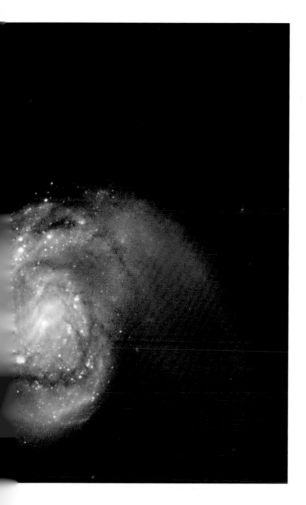

个更巨大的系统。通过比较计算机模拟和对相互作用的星系的观测，我们可以了解它们在发光物质和暗物质方面的组成。此外，对星系之间引力相互作用的研究使我们能够阐明这两类物质在星系演化中的作用。

构建星系

正如我们在上一章中所看到的，关于星系的诞生和演化的理论主要考虑了两种情况。形成巨大的结构，分裂成星系，这是一个自上而下的有限模型，而与之相反的情况是，星系反而分层次地塑造自己，从较小的

令人惊恐的相互作用

乍一看，它们就像幽灵的火焰之眼。它就是 Arp-Madore 2026-424，一个由两个相互作用的星系组成的系统，距离我们有 7 亿光年。美国国家航空航天局为庆祝 2019 年万圣节而发布了这张来自哈勃望远镜的照片。这个天体是美国天文学家哈尔顿·克里斯蒂安·阿尔普在 1966 年发表的相互作用星系表中列出的 338 个天体之一，后来由他的同事巴里·马多尔在 1987 年进行了扩展。两个旋涡星系之间的这种特殊的互动产生了一个物质环，将持续一亿年，在此期间，压缩的气体将继续产生新的一代恒星。

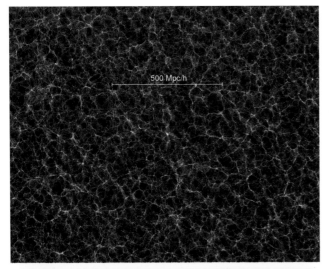

上图 马克斯普朗克天体物理研究所千禧年运行项目中的星系形成模拟。图片来源：Springel 等人。

"砖块"开始，聚合成越来越大的结构。

目前看来，第二种情况，即"自下而上"，更适合解释我们在宇宙中观测到的星系团和星系的分布。根据这一假设，星系的形成始于第一块砖的形成，这些砖块由浸入暗物质晕中的普通物质或重子组成。

在这些质量近似于球状星团的原始结构中，气体原子（主要是氢和氦）可以相互碰撞，加热并发射光辐射，尤其是在红外线波段。就这样，这些云中的气体在重力的作用下开始失去能量并坍缩。随着这些气态物质的"团块"变得更小、更紧凑，它们开始旋转得越来越快，类似于滑冰运动员将手臂拉到躯干上时发生的情况。据推测，这就是形成第一个盘状结构的机制，这些盘状结构后来将构成旋涡星系。

相比之下，暗物质只通过引力相互作用，耗散的能量要少得多，因此有不同的命运。这些原始结构中的暗成分并没有像重子物质那样坍缩，而是继续在晕内运行。

然后原星系结构在引力作用下开始相互吸引，直到它们碰撞并合并形成越来越大的

下图：星系形成的自下而上的情景：相对较小的物体合并在一起，形成像我们今天在宇宙中看到的那些星系。图片来源：Mae Ann M. Crisponde。

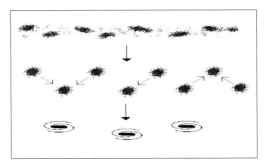

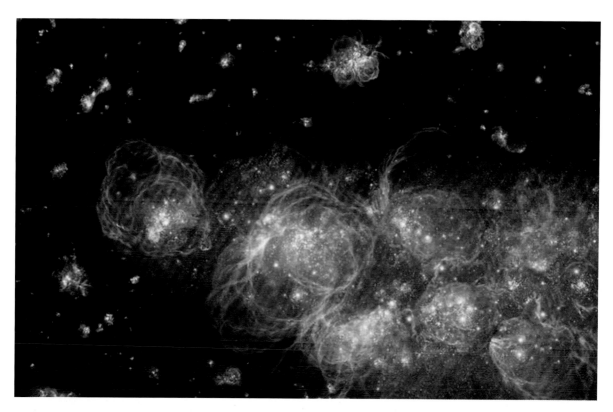

上图　这就是宇宙不到 10 亿年时的样子。在形状尚未明确的原始星系中形成恒星。图片来源：美国国家航空航天局，Hubblesite；Adolf Schaller 的插图 - 空间望远镜研究所 -PRC02-02。

星系，然后形成星系团。观察旋涡星系中恒星的运动，天文学家假设这些更"有序"的恒星系统比椭圆星系更早形成。然而，旋涡星系核球的形成尚未完全了解。一种可能性是它们是最初存在的较小结构合并的产物。

　　椭圆星系由运动更无序的恒星组成，应该是由旋涡星系与类似的星系或与椭圆星系合并形成。这一假设与以下事实相一致：椭圆星系经常在丰富的星系团中被观测到，那里有许多星系，它们之间相互作用的概率更高。相比之下，我们在较松散的星系团（群）中观察到了旋涡星系，因此碰撞的概率较低。在合并过程中，旋涡星系的有序恒星运动被引力场猛烈改变，并呈现随机分布，正如在椭圆星系中观察到的那样。

层次分明的演化？

　　自下而上的情况使我们能够对星系的演化做出一些非常重要的预测。例如，根据这个模型，星系的形成在宇宙生命的最早时代会更加频繁，而这些天体之间的合并在今天应该仍然继续，正如我们可以实际观察到的那样。此外，如上所述，最大结构的构建将以分层的方式进行；换句话说，星系的形成（以

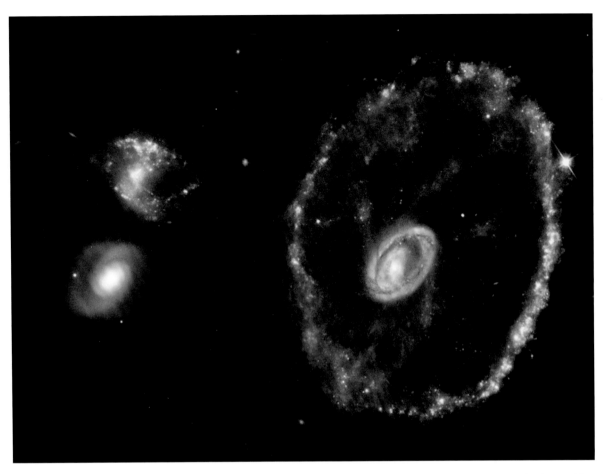

上图　车轮星系的奇怪形状源于它与一个穿过其圆盘的小星系相撞。可能类似于银河系的螺旋现在是环状星系最美丽的例子。图片来源：欧洲航天局／哈勃和美国国家航空航天局。

及它们的部分演化）将发生在比星系团或超星系团的形成更遥远的时间。在观测上，一个证据来自星系团，它们还没有达到平衡状态，这表明它们是相对年轻的结构。

自下而上的模型很好地解释了我们在近邻宇宙中看到的东西；但是观察更遥远的系统，其光线来自宇宙中最遥远的时代，揭示了需要更深入调查的事实。例如，在 2016 年，由当时在耶鲁大学的帕斯卡尔·奥什领导的一个团队利用哈勃空间望远镜研究了 GN-z11 星系，其质量约为银河系的 1%。正如《科学》杂志所讨论的，我们今天看到的这种星系的形象被认为是在大爆炸后约 4 亿年开始的，即在第一批恒星点燃后仅 2 亿至 3 亿年。在如此遥远的时代（迄今为止，GN-z11 是有史以来观测到的最古老、最遥远的星系）出现这样一个大质量的星系，在层次自下而上的模型中很难解释，因为时间太短，无法"建造"这样一个大星系。像 GN-z11 这样的观测显示了星系的演化仍然是一个带有许多问号的话题，有待于通过对宇宙更深入的观测和更精确的理论模型来解决。此外，自下而上的设想还提出了一个与以下事实有关的问题：计算机模拟与理论预测一致，表明星系团中应该有许多矮星系；但观测证据表明，矮星系的数量远远低于预期。这可能是由于在遥远年代诞生的矮星系已经在很大程度上被大星系"吞噬"了。另一种情况是，暗物质并不总是能够为重子物质维持一个稳定的结构，从而能够"建造"星系。

星系的黑暗演化

为了充分了解星系之间相互作用的动力学及其在宇宙演化中的作用，一个非常重要的成分正是暗物质。事实上，它约占整个宇宙质量的 85%，但我们还不能确定它的真实性质。

研究暗物质是非常困难的，因为它只能通过引力来显示其存在，而引力是基本相互作用中最弱的。因此，为了识别暗物质，人们需要大量的样本，例如我们在星系环境中可以找到的那些。尽管其中一小部分可能是由不发光的天体造成的，例如黑洞或褐矮星，但大部分将由尚未被发现的奇异粒子组成。

早期的星系演化模型是基于所谓的"热暗物质"，即由高能粒子，如中微子组成。然而，这种情况不能支持自下而上模型所预测的小结构的形成。由更重的粒子组成的冷暗物质，如所谓的 WIMPs（弱相互作用大质量粒子），将更自然地保证模型所预测的分层聚集情况。近年来，出现了一个中间建议，

上图　2016 年哈勃空间望远镜拍摄的星系 GN-z11（插图中放大的）。目前，它是已发现的最古老的星系：我们认为它是 134 亿年前的样子。图片来源：美国国家航空航天局、欧洲航天局、P. Oesch（耶鲁大学）。

神秘的超级圆盘

DLA0817g 星系与银河系非常相似，有一个以每秒约 270 千米的速度旋转的圆盘。神秘之处在于，这个星系的光线是在宇宙只有 15 亿年的时候开始的。正如 2020 年 5 月发表在《自然》杂志上的一篇文章所讨论的那样，这个被称为沃尔夫圆盘的物体（这里是艺术表现）挑战了星系形成的模型，在这些模型中，最有序的结构在大爆炸后 60 亿年才会诞生。根据海德堡马克斯普朗克天文学研究所的马塞尔尼尔曼的说法，该圆盘正在经历一个缓慢的冷气体吸积过程，其来源仍然未知 。图片来源: 美国国家射电天文台 / AUI / NSF, S. Dagnello。

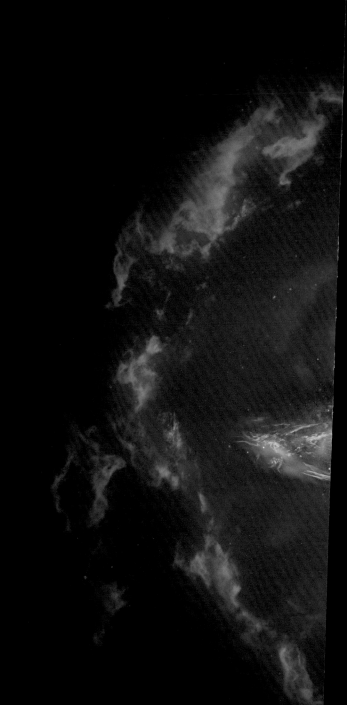

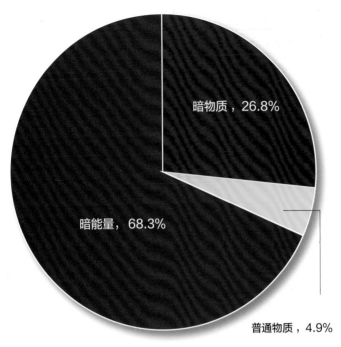

暗物质，26.8%

暗能量，68.3%

普通物质，4.9%

上图　根据普朗克卫星的最新测量结果，普通物质和暗物质的百分比。然而，宇宙的大部分能量都以"暗能量"的形式存在，这是一种导致宇宙加速膨胀的神秘成分。

根据该建议，暗物质将是"混合的"，主要是冷的，热的比例较低。

暗物质在星系历史中的重要性的一个例子是子弹星系团，即一个 37 亿光年外的星系团，在大约 1.5 亿年前与另一个星系团相撞并穿过了它。在"碰撞"之后，两个集群中的气体由于原子之间的碰撞而减速，形成了一个让人联想到子弹产生的冲击波。同时，组成星系的恒星由于相去甚远，相互影响很小，几乎不受干扰。即使是暗物质，仅通过引力进行微弱的相互作用，也有类似的表现，并"直接向前拉"。因此，这种互动使集群的各个组成部分得以分离。因此，在 X 射线中，"掉队"的气体是可见的，而在可见光中可以看到恒星成分，因此有可能重建暗物质的分布和运动。

星系事故

我们已经观察到，许多星系是在星系群或星系团中发现的。如果我们以本星系群为例，我们注意到它们的组成部分彼此相距不大。例如，麦哲伦云与银河系的距离大约是后者大小的两倍，而仙女座的距离大约是 20 倍。换句话说，一个星系团内的星系之间的碰撞可能是相对频繁的。

但当两个星系相撞时会发生什么？让我们马上清楚地表明，与我们可能的想法相反，恒星并没有参与到正面碰撞的行列中。一颗星和另一颗星之间的平均距离要比它们本身大得多。以太阳为例，它与最近的恒星之间的距离约为 4 光年，大约是其直径的 3000 万倍。因此，我们有理由期待两颗恒星之间发生碰撞的概率确实非常小，所以与其说是两个固体物体之间的碰撞，不如说是星系之间的碰撞，可以比作天空中两朵云的相遇。

因此，我们说的是"相互作用"，而不是冲突，这显然是受引力支配的。当两个星系相互作用时，如果它们的相对速度足够高，它们可能会设法"避开"对方，只发生轻微的变形，但它们随后会回落到对方身上，直到它们合并。在一个较大的星系和一个小得多的星系相遇的情况下，例如在一个旋涡星系和一个矮椭球星系之间，后者很可能会被另一个星系的引力场所摧毁，而它的恒星会与较大的星系的恒

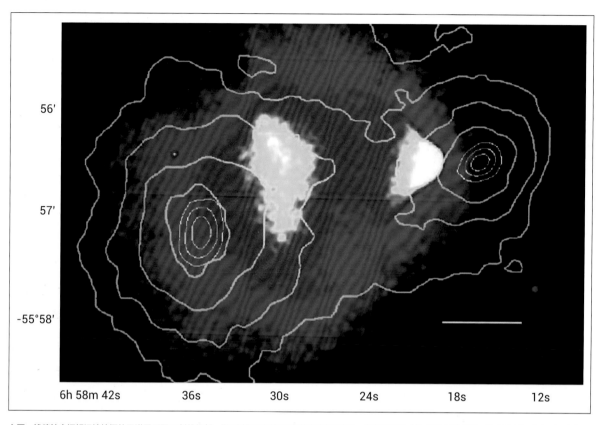

上图　钱德拉空间望远镜拍摄的子弹星系团 X 射线辐射。指示暗物质分布的等值线叠加在其上。白线表示大小为 200 千秒差距，约 650000 光年。图片来源：美国天文学会。

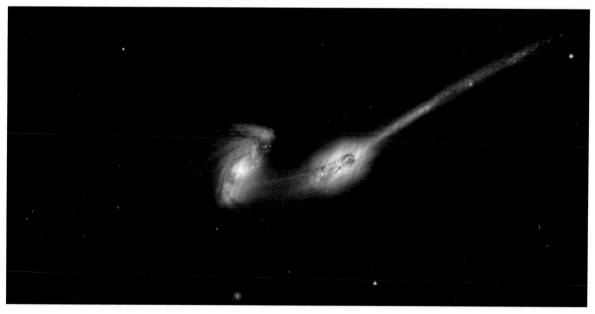

上图　两个相互作用的星系 NGC 4676A 和 NGC 4676B，绰号"老鼠"。它们距离我们相对较近，大约为 3 亿光年，位于后发座。未来它们很可能会相互融合。外围的蓝色区域是炽热的年轻恒星（发出那种颜色的光）的家园，它们的形成是由星系之间的相互作用触发的。图片来源：美国国家航空航天局、H. Ford（JHU）、G. Illingworth（UCSC / LO）、M . Clampin（STScI）、G. Hartig（STScI）、ACS 科学团队和 欧洲航天局。

触须星系（NGC 4038 和 NGC 4039）也一直在相互作用，至少可能持续了几亿年。炽热的气体云（粉红色）与正在形成新恒星的蓝色区域交替出现。两个星系的核可能会合并在一起。最终，这个宇宙拥抱的最终对象很可能是一个巨大的椭圆星系。图片来源：欧洲航天局 / Hubble 和美国国家航空航天局。

拓展阅读
星系的合并和新生的恒星

　　由于星系之间的碰撞和合并，恒星之间的碰撞非常罕见，而对于分子云来说，情况则不同，例如，它们可以在重力作用下相遇和凝结，产生新的恒星。

　　因此，在星系合并过程中，恒星形成的速度可以飙升，导致每年形成数百个或数千个太阳质量的新恒星，这是一个非常高的数值，例如，与银河系相比，每年只有不到两个太阳质量的气体被转化为恒星。自然，在遥远的过去发生的碰撞中，恒星形成的速度更高，当时星系有更多的气体可以支配。但是，即使在相对较近的星系中（在空间上，因此也在时间上），我们也可以观察到许多恒星形成的区域，比如 Arp 299（下图），距离我们大约 1.3 亿光年，钱德拉 X 射线空间望远镜在那里显示了几个非常明亮的新源，正是与恒星形成的区域相关。

上图　钱德拉空间望远镜在 X 射线下看到的 Arp 299 系统。图片来源：美国国家航空航天局 /CXC/ 克里特大学 /K。Anastasopoulou 等人；美国国家航空航天局 /NuSTAR/ 戈达德航天中心 /A. Ptak 等人（X 射线）；美国国家航空航天局 /STScI（光学）。

第六章　宇宙中的事故 ———— 121

星混合在一起。

　　然后，子弹星系团的例子表明，在相遇过程中，气体云的相互作用特别强烈，相互碰撞，增加了局域的密度，引发了新生恒星的诞生。也可能发生的情况是，在引力作用期间，两个星系互相穿过 …… 像幽灵一样。在这种情况下，两者都保留了它们的恒星和气体的"性质"，但它们的形状会发生扭曲。类似的情况，尽管规模更大，也可能发生在星系团之间的相互作用中。

　　为了充分了解星系碰撞的动态，科学家们今天进行了复杂的计算机模拟，以确定各个星系中恒星所遵循的轨道。这项工作使我们有可能确定碰撞的结果：合并、捕获或变形。

　　模拟的物理现象越多就越真实，不仅与引力相互作用有关，而且与单个星系中气体和恒星的行为有关。许多研究小组已经开发了超级计算机模拟，在许多情况下可以免费查阅。一个例子是由巴黎天文台维护的星系合并数据库（GalMeR），在那里，人们可以在家里的电脑上查阅不同类型的星系之间的大量模拟档案。

上图　所以我们可以想象矮星系盖亚·恩塞拉杜斯被银河系合并。箭头表示在我们的银河系并入过程开始时属于它们的恒星的连贯运动方向。图片来源：欧洲航天局（艺术家的印象和构图）；Koppelman、Villalobos 和 Helmi（模拟）；美国国家航空航天局 / 欧洲航天局 / 哈勃（星系图像），CC BY-SA 3.0 IGO。

银河系的"危险关系"

银河系与其他许多星系没有什么不同，在其存在的过程中，它一直是各种遭遇的主角，甚至是"同类相食"的事件的主角，被似乎属于外部星系的恒星群所见证。一个例子是与盖亚·恩塞拉杜斯的相遇，这是一个大约500亿太阳质量的矮星系，在遥远的过去被我们的星系吞噬。2020年年初，伯明翰大学的萨斯基亚·赫克尔领导的团队在《自然－天文学》上发表了一篇论文，显示这个小矮星在大约115亿年前被我们的星系吞噬了。最近，发现（银河系）与一个迄今未知的星系的相互作用，绰号"克拉肯"，发生在大约110亿年前。

展望未来，天文学家现在可以肯定，我们的星系将与仙女座星系M31相撞，后者正以每秒约110千米的速度向我们靠近。

这种碰撞是由罗马大学的里卡多·斯基亚维组织的一个团队进行的复杂模拟的主题。根据发表在《天文学与天体物理学》上的研究结果，这两个星系将在43亿年后开始"亲密接触"，并在100亿年后成为一个单一星系。

由于两个星系的核心都有一个超大质量的黑洞，这两个宇宙怪物在碰撞后将开始相互绕行，直到它

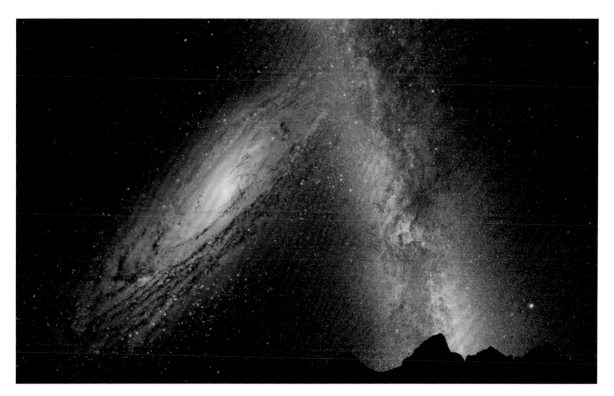

上图　银河系和仙女座星系（左）之间未来的碰撞将是一个巨大的奇观。这张艺术图片显示了大约40亿年后天空的样子，当时两个星系的合并即将开始。仙女座星系的圆盘已经被我们星系的引力弄得部分变形。图片来源：美国国家航空航天局；欧洲航天局；Z. Levay、R. van der Marel，STSCI；T. Hallas；A. Mellinger。

银河系谱

在其历史上，银河系至少"吞噬"了5个有1亿多颗恒星的星系和10个较小的星系。这是由海德堡大学的迪德里克·克鲁伊森领导的研究小组宣称的，他们使用人工智能来重建我们星系的真正"家谱"，利用其球状星团的特性。这项研究于2020年10月发表在《皇家天文学会月刊》（MNRAS）上，还揭示了110亿年前发生的与一个未知星系的碰撞，被命名为"克拉肯"。

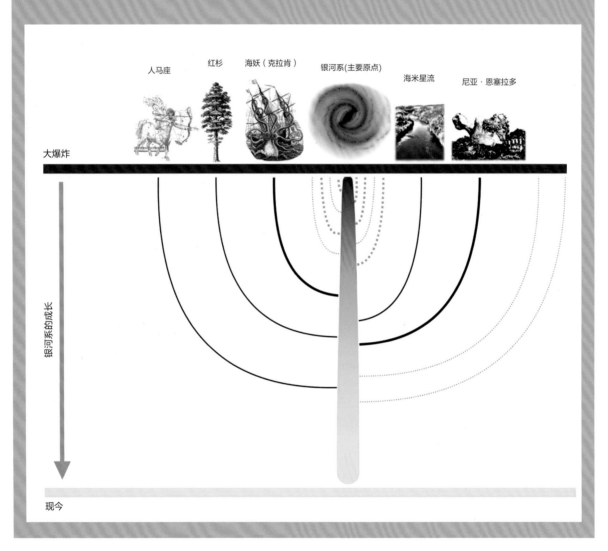

上图　银河系的"家谱"。树的"树干"是我们星系的祖先。五条实线代表与之合并的（已确认的）星系，而虚线是其他可能的合并，无法确认具体的主体。时间的流逝从上到下。图片来源：D. Kruijssen。

们在相遇后约1600万年后合并，这个时间比两个星系完全相互渗透的时间短1000倍。在合并之前，这两个超级黑洞将围绕对方旋转，发出越来越强烈的高频引力波，直到它们在碰撞期间达到峰值。这种相互作用产生的物体将是一个巨大的椭圆星系，或者说是透镜星系，天文学家已经给它起了一个绰号——"米科梅达"（音译，意为"银仙星系"），来自银河系和仙女座星系的合并。

由于对星系之间相互作用的观察，我们已经重建了银河系的过去，并揭示了这些天体演化的许多方面。但仍有几个问题未得到解答。为了解决这些问题，我们必须将我们的目光推向宇宙的更深处，探究遥远的过去和填充宇宙的星系的最终命运。

宇宙合并

在这幅图片中，位于各自星系中心的两个超大质量黑洞即将合并。这一事件可能会在数十亿年内影响在银河系和仙女座星系核中发现的物质。图片来源：美国国家航空航天局/CXC/A. Hobart。

第七章

迈向大爆炸

在可见的宇宙边界潜伏着什么？让我们穿越时间和空间，去发现最遥远的星系，去揭示宇宙的过去和未来的命运吧。

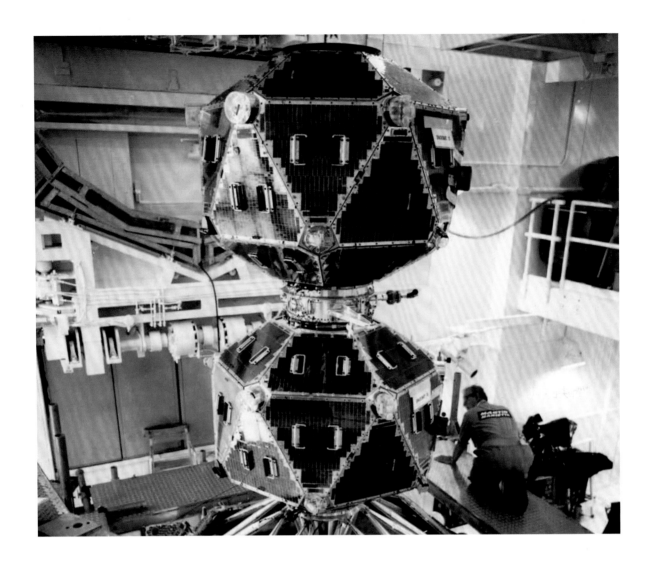

上图 1969 年 5 月，两颗 Vela 5 卫星准备用泰坦火箭发射。图片来源：美国空军照片。

上页图 阿塔卡玛大型毫米波天线阵（阿塔卡马大型毫米 / 亚毫米阵列）观测站的一些天线。今天，我们也可以用可见光以外的波长来研究天空，以调查宇宙中最遥远和最神秘的物体。图片来源：欧洲南方天文台 /José Francisco Salgado。

1967 年 7 月 2 日，一对美国卫星揭示了突然爆发的未知来源的伽马射线。在冷战的那些年里，人们认为这是苏联在大气层中进行秘密试验。卫星完成了它们的使命：毕竟，它们的名字 Vela 来自西班牙语 velar，意思是"观看"。这些卫星是为了监测太空以揭露任何违反美国、苏联和英国于 1963 年签署的禁止在大气和太空进行原子试验的条约的行为。但是，由洛斯阿拉莫斯国家实验室的科学家对一组数据的更仔细分析表明，神秘的伽马射线爆发与核装置的发射并不相似。消除了这个假设，科学家们致力于其他更紧迫的工作，而神秘的信号最终被埋在档案中。然而，这些卫星继续显示出类似的信号，并且多亏了 1969 年发射的新一代 Vela 5 卫星，我们才有可能理解这些奇怪的伽马射线爆发起源于宇宙。对这一现象的第一次完整分析仅在 1973 年发表在由洛斯阿拉莫斯小组协调员雷·克莱伯萨德尔与同事伊恩·斯特朗和罗伊·奥尔森共同发表的天体物理学杂志文章中。

我们现在知道，这些事件在英语中被称为伽马射线暴（GRB），是自宇宙大爆炸以来发生的最剧烈的爆炸的结果。它们是如此明亮，以至于在很远的地方都能看到，并且已经成为研究宇宙最遥远地区的主要工具之一。通过利用伽马射线暴和其他宇宙"信标"，我们就可以将目光越来越远地投向过去，寻找最古老的星系。

众所周知，眺望远方，就等于打开了一扇了解宇宙过去的窗户。事实上，光以有限的速度传播，所以当我们看到一个天体时，我们看到的不是它现在的样子，而是它的光离开时的样子。在日常生活中，这种影响可以忽略不计，因为将我们与日常生活中的物体隔开的距离是如此之小，以至于光线一闪而过。但是，如果我们看月球，我们已经看到了 1.3 秒前的情况，这是一束月光到达我们所用的时间。将我们推到太阳系的行星之间，这种延迟达到了几个小时，当我们欣赏星星时，它变成了几年或几十年。我们收集了一张更年轻的宇宙的照片，其中星系仍处于其演化历史的开端。

在我们的旅程中，我们从银河系开始，我们在宇宙中的"家"，去浏览动态的星系动物园，了解它们是如何形成和演化的。但当我们追溯它们的演化过程时，仍有许多方面是我们无法回答的，而回答这些悬而未决的问题的最好方法是将自己推向可见宇宙的边缘，尝试"正视星系的青春"。

在宇宙深处

如果我们只考虑本星系群或最近的星系团中的星系，我们的时间"跳跃"仍然是比较小的。例如，来自仙女座星系的光告诉我们这个星系在 250 万年前的样子，与人的一生相比，这是一个巨大的时间，但与星系本身的寿命相比则非常短，天文学家估计它（已诞生）大约有 100 亿年。按比例来说，这就像一个 40 多岁的男人看着几天前的照片。他可能会注意到稍长的胡须和一些小的变化迹象，但他不会注意到他在自己十几岁时的照片上看到的差异。

但是，如果我们看的距离越米越远，我们可以翻阅一本"家庭相册"，其中出现了新形成的星系和

"维拉事件"之谜

首次发现伽马射线暴的 Vela 卫星仍在运行。1979 年 9 月 22 日，其中的 Vela 5B 显示了一个来源不明的双重信号，但与前几年的核试验产生的信号十分相似。该信号来自南大西洋和印度洋之间的一个区域。迄今为止，对这一检测没有官方解释。最有可能的假设是，这的确是一次未申报的核试验，可能是由南非和以色列进行的。

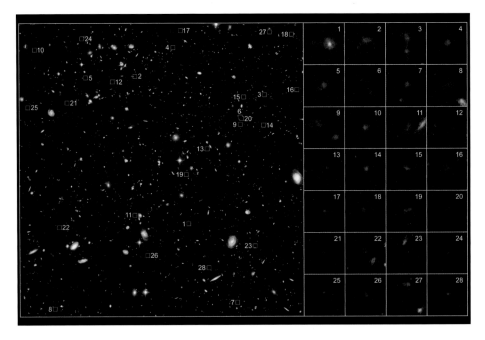

其他已经成长为类似于银河系的星系以及离我们更近的星系。特别是，要研究星系在其形成的早期阶段，人们必须走得更远，数十亿光年之外。但在这样做时，人们会遇到一些障碍。首先，从这些遥远的天体到达我们这里的光线是如此微弱，以至于需要大口径的望远镜来收集这些光线；不过，例如类星体是如此明亮，以至于可以在很远的地方看到它们。在距离我们 24 亿光年的地方观测 3C 273，对于我们假设的 40 岁的人来说，就像是在看一张十年前的照片，他无疑会看到少了几条皱纹或白发。

　　第二个问题是，除了非常暗淡之外，由于宇宙的膨胀，来自较远物体的光线被"拉长"到更长的波长。在更遥远的星系的情况下，它们的光可以超越红色，甚至可以到达红外窗口。因此，要研究如此遥远的物体，不仅需要用望远镜观察可见光，还需要用红外线观察。红移，通常用 z 表示，是通过观察一个源的光谱并测量某些元素的典型谱线的移动来确定的。一旦红移被确定，就可以用描述时空几何的模型来计算与源头的距离。对于小距离，该结果与爱德文·哈勃在 1929 年发现的关系一致，在 2018 年更名为"哈勃－勒梅特定律"，以纪念比利时修道士乔治·勒梅特的基本理论贡献。

原始宇宙中的类星体

　　类星体是我们所知的最遥远和最有趣的天体物理源之一。由于它们的亮度很高，我们可以在几十亿光年外看到它们；因此，我们可以利用它们来绘制高红移的宇宙图，从而探测过去不同时期的星系和恒星数量。

2017 年 12 月，由帕萨迪纳卡内基天文台的爱德华多·巴尼亚多斯协调的一个国际团队公布了 ULAS 类星体 J1342 + 0928 的发现，该类星体的红移达到了 7.54 的创纪录水平。正如发表在《自然》杂志上的一篇文章所解释的那样，如此高的红移表明我们看到的光来自宇宙只有 7 亿年的时间。因此，我们正在见证一个超亮的类星体，它闪耀着 40 万亿个太阳的光芒。距离相似的还有类星体 J1007 + 2115，亚利桑那大学的一个团队在 2020 年夏天宣布了这一发现。

拓展阅读
引力透镜

出人意料的是，引力可以帮助我们观察最遥远的星系。根据爱因斯坦的相对论，事实上，我们生活在一个类似于蹦床的时空中，光的路径可以在其中转向。在时空更弯曲或存在大质量的情况下，偏转的程度更大。这种现象是引力透镜效应的基础。例如，假设我们观察到一个星系团，由于它的巨大质量，它会沿着同一条视线偏转其后面物体的光。引力透镜，就像光学透镜所做的那样，在某种意义上将远处物体的光聚焦，使其可见，即使理论上它超出了当前仪器的范围。例如，通过这种方式，由于相对较近的星系团产生的透镜效应，可以揭示非常遥远的星系。应该注意的是，远处物体的图像几乎总是变形（例如，以弧形"拉伸"）并且经常成倍增加，即多个图像可以由单个物体形成。

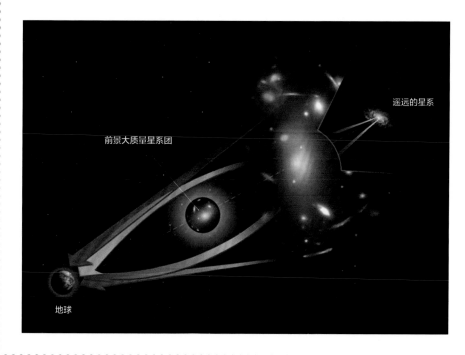

前景大质量星系团

遥远的星系

地球

左图　引力透镜对遥远星系的影响。

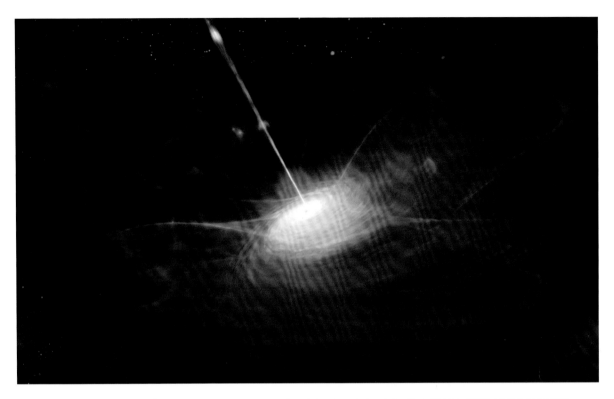

上图 ULAS 1120 + 0641 类星体的艺术图像，其红移为 7.1。它的光芒始于宇宙只有 7.7 亿年历史的早期。图片来源：欧洲南方天文台 / 科恩梅塞尔。

这些类星体发出的光是迄今为止已知最遥远的，据信是在再电离结束之前开始的，这个时代在大爆炸后大约 10 亿年结束。

因此，研究它们使我们能够在宇宙发展的这个重要阶段探测星系。最遥远的类星体的光也让我们能够研究星系的演化。通过研究在不同红移下观察到的类星体数量，注意到它不是恒定的，而是在 2 到 3 之间有最大值，对应于宇宙大约是当前年龄三分之一的时代。在更短和更长的距离上，分别对应于更近和更远的时代，类星体的数量显著减少。

我们如何解释这种分布？可能在更早的时候，星系还很年轻，以至于它们内部的黑洞还没有时间变得足够大。然而，在最近的时间里，类星体数量的减少可能与大部分气体被用于形成新恒星的事实有关，因此几乎没有剩余的气体可以为超大质量黑洞提供动力。这个假设与这样一个事实是一致的，即大约在同一时间，恒星形成率有一个最大值，然后逐渐下降。事实上，人们认为黑洞的活动对恒星的形成起到了非常重要的作用。活动星系核中超大质量黑洞的活动实际上会加热周围的气体，阻止它冷却并开始导致新恒星形成的引力坍缩。

在更近的过去，超大质量黑洞因此会经历一个被迫"减肥"的阶段。然而，人们认为，即使在这种情况下，黑洞也会返回"吃"的状态，并作为星系合并的结果而变得活跃。在碰撞过程中，气体云可以向新形成的星系的核心移动，并落入黑洞。

宇宙中的闪光

正如本章开头所提到的，除了类星体等活动星系的发射外，天文学家还可以利用伽马射线暴来探测宇宙的深处。然而，伽马射线爆发仍然只是部分被了解。每个闪光都与其他闪光不同，因此很难找到共同的特征来解释物理过程。然而，收集了许多观测结果，出现了两个主要的伽马射线暴家族，它们根据现象的持续时间来区分。"长"的持续时间超过两秒，约占总数的70%，而较短的则为少数，由于持续时间较短，认知难度更大。通常，主要的伽马射线爆发之后是 X 射线发射，这在英语中被称为余晖，我们可以将其翻译为后发光。随着时间的推移，余辉发射向较低能量转移，从光学波到无线电波。

伽马射线暴的起源一直是个谜，直到20世纪90年代，荷兰－意大利卫星 BeppoSAX 成功地定位了1997年2月28日 GRB970228 事件的余晖，其精确度足以确定发生的星系，其60亿光年的距离证实伽马射线暴有银河系外的起源。今天，我们有一些仪器可以在伽马射线暴出现在天空时立即对其进行探测，例如2004年发射的雨燕空间望远镜，它是专门为研究伽马射线暴而设计的，还有费米伽马射线太空观测站，它携带有伽马射线暴监测器，这套探测器能够不断监测天空，寻找新的伽马射线暴。

观测表明，伽马射线爆发释放的能量非常高，大约为 10^{44} 焦耳，大约是将相当于 200 颗类似地球的行星的质量转化所释放的能量。 什么会导致伽马射线爆发这样充满活力和猛烈的现象？ 长伽马射线暴被认为是由大质量恒星的坍缩产生的，而短伽马射线暴则是中子星并合的结果。 第一种情况得到了对一些与长伽马射线暴相关的超新星的观测支持。 2017 年 8 月 17 日，引力波探测器 LIGO 和欧洲

拓展阅读
超大质量黑洞和星系核

超大质量黑洞和星系演化之间的关系是众多研究的焦点。1999年，两个研究小组发现了星系核球的恒星速度和其中心的超大质量黑洞的质量之间的关联。这种关系被称为 M-sigma 关系，表明黑洞的质量越大，核球中恒星速度弥散，即统计上的起伏就越大。这种关系似乎证实了超大质量黑洞和星系核演化之间的联系，尽管所涉及的物理过程还不太清楚。它被认为是黑洞活跃时产生的能量与银河系核中的气体和恒星的能量之间微妙平衡的结果。这种关系似乎也适用于较小的星系和中等质量的黑洞，尽管目前还没有足够的数据来进行有意义的确认。由于速度弥散可以直接从星系的光谱分析中测量出来，M－西格玛关系被广泛用于估计更遥远的星系中超大质量黑洞的质量，在那里不可能使用更加精细的方法。

星系的演化，在蓝云和绿谷之中

在过去的二十年里，天文学家们开始使用一种类似于赫茨普朗－罗素图的星系图，其中星系是按照颜色和绝对亮度表示的。在图中可以确定三个区域。第一个被称为"蓝云"，由旋涡星系组成，它的名字来自这些星系中不断形成的年轻恒星的颜色。然后是"红序列"，由大质量椭圆星系组成，其中的恒星形成现在受到抑制，因此是由老的、非常红的恒星形成。在这两组星系之间有一个"绿谷"，这是一个过渡区域，将容纳像银河系这样的星系，其中恒星形成活跃但（总量）非常低。通过分析不同年代的星系，可以看出星系群的形状和位置随着时间的推移而变化，这是全球星系群演变的结果。观测结果还显示，红色星系的质量比蓝色星系大。因此，从演化的角度来看，连续的合并会使星系从蓝色区域移到红色区域，如前所述，大质量椭圆星系居住在红色区域，其中的恒星形成几乎已经完全停止了。

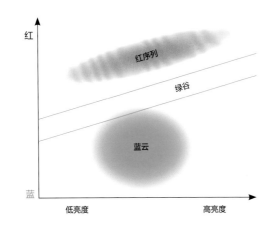

Virgo 探测器观测到的信号的光学对应体的观测结果对短暴的起源进行了非常可靠的确认，该信号正是由两颗中子星之间的碰撞产生的。

由于其极高的亮度，一些伽马射线暴可以在很远的距离内被探测到。GRB090423 就是这种情况，它的红移为 8.2，对应的距离为 131 亿光年。天文学家希望能找出一些特征，使我们能把伽马射线暴作为标准烛光。

在许多情况下，现在可以确定 GRB 的宿主星系，然后测量它的红移和特征。通过评估作为红移函数的伽马射线闪光频率，还可以追踪星系的金属丰度和化学演化。例如，由于长伽马射线爆发与超大质量恒星的坍缩有关，研究这种现象还可以让我们探测更遥远星系的恒星含量及其形成速度。

寻找最初的星系

识别宇宙中的第一批星系和第一批恒星是现代天体物理学的一种圣杯。多亏了"更深入"的观察，科学家们希望能够捕捉到例如星族 III 恒星的光，正如我们所见，它们构成了大爆炸后诞生的第一代恒星。

这当然不是一件容易的事，因为我们预计非常暗淡的光源会受到红移的严重影响。即使是最年轻、最热的恒星，它们的大部分光是在紫外波段中发出的，在宇宙距离上我们也可以看到红光或红外线。

因此，进行此类观测的最佳仪器是能够在红外线中进行观测的仪器，红外线是一种光辐射，从地球表面部分可见，但部分被存在于我们大气中的分子（包括水蒸气）吸收。出于这个原因，红外望远镜安装在高海拔地区，那里的空气较干燥，因此红外吸收较低。

然而，为了获得不同波长的红外辐射的完整覆盖，有必要进入（太空）轨道，使用专门的仪器，如美国国家航空航天局的斯皮策望远镜，从2003年到2020年一直在运行，美国国家航空航天局2009年发射的广域红外巡天探测器（WISE），尽管性能有限，但仍在运行。

甚至哈勃空间望远镜可以让你不仅在可见光下观察，还可以在近红外光下观察，这要归功于2009年安装的广角行星相机。

利用哈勃望远镜，在2019年，一个由欧洲航天局的拉查纳·巴托德卡协调的天文学家小组成功地观测到红移在6到9之间的星系，这些星系非常遥远，它们的光起源于大爆炸后5亿年到10亿年之间。这些星系之所以被观测到，要归功于约40亿光年外的MCASJ0416星系团产生的引力透镜效应，它将最遥远的星系的光线放大了几十倍。同样的星系也使用来自斯皮策空间望远镜和甚大望远镜（在智利）的数据进行了研究，但是在这些星系中没有发现星族III的痕迹。这项成果发表在《皇家天文学会月刊》上，代表了通过引力透镜对一个星系系统进行的最深入的观测，并对宇宙中第一批星系的作用得出非常重要的结论。首先，第三星族恒星的形成可能比以前认为的要早得多，这表明再电离的主要作用是第一个小星系，而不是第一批恒星。

对这种情况的进一步确认将来自詹姆斯·韦布空间望远镜（JWST），这是美国国家航空航天局正在完成的取代哈勃的空间望远镜。JWST的"眼睛"是一面直径为20英尺的镜子，由一系列18个六边形"花瓣"组成。与哈勃不同，JWST将不会进入围绕地球的轨道，而是被送到拉格朗日L2点，这

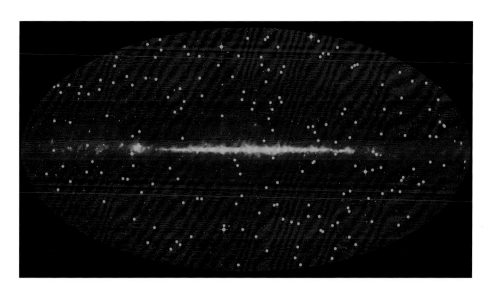

左图 费米天文台上的主要仪器——大面积望远镜的数据重建的显示伽马射线天空的地图。在上面标出的绿点，是2008年发射的卫星在其最初10年运行期间记录的186个伽马射线暴。图片来源：美国国家航空航天局戈达德太空飞行中心。

肉眼可见的伽马射线暴

　　GRB 080319B 伽马射线暴于 2008 年 3 月 19 日出现在天空中，是有史以来观测到的非常壮观的事件之一。斯威夫特 X 射线轨道望远镜在牧夫座发现了这一伽马射线爆发，随后出现了持续约 30 秒的光学余辉，在此期间该现象在可见光中达到了 5.8 等，即达到了极限肉眼可见度。因此，这个距离估计约为 75 亿光年的伽马射线暴在短时间内是不使用工具可见的最远天体。这是一个令人难以置信的光明事件。如果它发生在离太阳很远的地方，它会产生比我们的恒星大 2000 万倍的光！

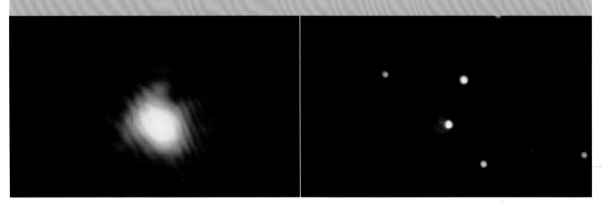

上图　伽玛射线暴 GRB090319B 在 X 射线（左）和光学中的余辉，它在几秒内达到了肉眼可见的极限。图片来源：美国国家航空航天局 /Swift/Stefan Immler 等人。

是地球 – 太阳系统的引力平衡点之一，位于 150 万千米之外。这个特殊的位置，再加上一个遮阳板，将使 JWST 持续处于 −220℃ 左右的温度，足以进行非常深的红外观测。事实上，JWST 将在 0.6 微米和 28 微米的波长之间进行观测，即从可见光的红色区域到中红外。

　　除了计划于 2021 年年底发射的 JWST 之外，我们在未来几年还将拥有另一只观察宇宙的伟大"眼睛"——罗曼空间望远镜，计划于 21 世纪 20 年代中期发射。

遥远的未来

　　除了回顾过去外，在遥远的未来星系会发生什么也是值得怀疑的。我们知道在 45 亿年后银河系将与仙女座星系合并，但接下来会发生什么？这是一个现代物理学很难回答的问题，因为仍然没有明确的模型可以准确地描述宇宙的未来演化。1998 年人们发现宇宙的膨胀加速了，这是由于神秘的暗能量的影响，它构成了宇宙物质和能量的 68%，但我们仍然知之甚少。如果宇宙继续以加速的速度膨胀，星系将越来越快地相互远离，它们的光将转向更大的波长，达到不再可见的地步。在数百亿年或数千亿年

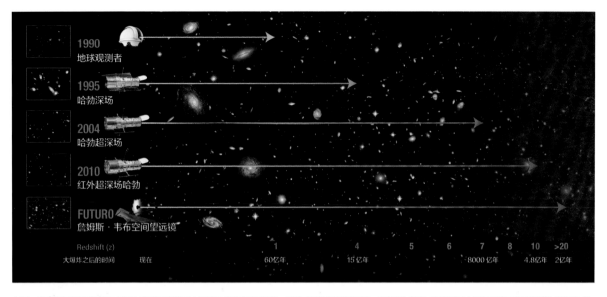

上图　我们能看到离大爆炸多近？这张图比较了大型地面望远镜的性能，哈勃空间望远镜拍摄的一些特别"深"的图像和未来詹姆斯韦布空间望远镜的性能。
图片来源：美国国家航空航天局、欧洲航天局和 A. Feild（STScI）。

之后，每个星系都将真正成为康德在两个半世纪前所设想的岛屿宇宙。与此同时，新的恒星会不断地诞生、演化和死亡，留下黑洞或中子星等宇宙遗迹，直到星系中存在的所有气体都耗尽，不再有物质可以"生产"出新的恒星。在这个陌生的未来，太阳已经熄灭了一段时间，也许我们的星球将不复存在。如果我们闭上眼睛，我们可以尝试将目光推向那个非常遥远的时间，想象自己漂浮在一个寒冷而黑暗的空间中，地平线上没有星星或星系。

下次当我们举目仰望天空欣赏银河时，让我们牢记这一点，那条银色的河流为我们指明了回家的路，我们在宇宙中的美丽家园。

"哈勃之母"望远镜

美国国家航空航天局已经批准在 2020 年开发和实施一种名为罗曼空间望远镜的仪器。它是一个专门用于宇宙学和寻找系外行星的红外空间望远镜。美国国家航空航天局决定以 Nancy Grace Roman 的名字来命名这个最初被称为广域红外巡天望远镜（WFIRST）的仪器，Nancy Grace Roman 是美国国家航空航天局的一名科学家，于 2018 年去世，因其在开发同名（哈勃）空间望远镜中的关键作用而被昵称为"哈勃之母"。罗曼空间望远镜将有一个直径 2.4 米的主镜（像哈勃的一样），并将于 2025 年左右发射。

在未来

　　宇宙的长期演化将取决于它如何继续膨胀。 如果从目前的数据来看，膨胀将永远持续下去（我们谈论的是一个开放的宇宙），那么星系之间的距离将会越来越远。它们里面的星星会逐渐熄灭，也许它们都会合并成巨大的黑洞。将在很长一段时间内蒸发，留下一个几乎空荡荡的宇宙，温度非常接近绝对零度。图片来源：美国国家航空航天局／HST。

走向地平线

阿米地奥·巴尔比

可以毫不夸张地说，整个现代宇宙学是围绕星系建立的。这些由数千亿颗恒星组成的岛屿是宇宙的基本组成部分，就像原子或分子对物质一样。这似乎令人震惊，因为在人类的角度看，它们中的每一个都是巨大的；事实上，在很长一段时间里，我们的太阳系所属的星系，即银河系，被认为是宇宙的所有。但大约一个世纪以来，我们已经知道情况并非如此，可观察到的宇宙中包含了数千亿个这样的物体。当人们在一个足够大的范围内观察宇宙时，简言之，星系就像一个均匀地弥漫在空间结构中的尘埃。

星系在我们理解宇宙如何运作方面的作用十分重要，这使得我们可能想知道如果忽略了对于它们的观察我们还能了解什么，大概会很少吧。星系的运动是宇宙演化及其大尺度结构的示踪剂。如果没有观测到遥远星系的红移，我们永远不会知道宇宙正在膨胀。不仅如此，旋涡星系的旋转速度和由成百上千个星系组成的巨大星系团的行为对于理解宇宙包含大量望远镜无法直接看到的物质至关重要。简言之，我们今天所理解的宇宙学诞生于发现除了我们之外还有其他星系，并随着对其性质越来越详细的研究而继续下去，很容易想象，即使在未来我们仍将继续观察它们，为许多仍然存在的问题寻找新的答案。

然而，人们可以想象一个难以置信的遥远的未来，所有这一切都将不再可能。随着宇宙膨胀，而且以加速的方式，更遥远的星系将越来越难以观测，因为红移将达到更大的值。事实上，随着时间的推移，宇宙的可观测区域（即电磁信号可以到达我们的区域）将包含越来越少的星系。最后，只剩下一个。

不久之后（在宇宙时间尺度上），我们的银河系和附近的仙女座星系将合并成一个单一的超星系。据计算，在大约 1000 亿年后，那些发现自己在这个超星系中的人将无法观测到除了组成它的恒星之外的任何东西，外面的宇宙将显得完全空虚。当然，在 1000 亿年后，将没有地球，甚至没有人类（除非以我们无法想象的不同形式出现）。但是一个假设的超星系行星上的外星天文学家将无法理解宇宙包含其他星系。简而言之，情况将类似于人类在一个多世纪前所知道的情况。不可能发现宇宙的膨胀规律，宇宙本身看起来不仅是静止的，而且比我们今天看到的要小得多、空虚得多。即使理解存在暗物质也可能非常困难，因为它的存在主要影响着宇宙的大尺度动力学。显然，由于宇宙看起来不会膨胀，因此不可能回到过去重建它的过去，也不可能发现我们称之为大爆炸的那个高密度和高温度的时代。

当然，就我们而言，这只是一种想象力的练习。但目的是不要把我们能够理解的许多事情视为理所当然，因为我们出生在一个充满星系的宇宙中。

阿米地奥·巴尔比

天体物理学家，罗马第二大学副教授。研究兴趣广泛，从宇宙学到地外生命探索均有涉猎。出版科学著作逾百部（篇），是国际天文学联合会、基础问题研究所、国际宇航科学院 SETI 常务委员会与意大利天体生物学学会科学委员会等多家机构成员。在科普方面，多年来为意大利《科学》月刊撰写专栏，参与过相关广播和电视节目制作，在包括意大利《共和报》和《邮报》在内的多家报纸和期刊上发表过文章。出版多部书籍，其科普哲理漫画《宇宙连环画》（Codice 出版社，2013 年）被翻译成四种语言。2015 年，凭借作品《寻找奇迹的人》（Rizzoli 出版社，2014 年）获意大利国家科普奖。最近一部作品为《最后的地平线》（UTET 出版社，2019 年）。

作者介绍

詹卢卡·兰齐尼

在少年时参观米兰天文馆后对天文学产生兴趣，毕业于天体物理学专业，论文涉及太阳系外行星。毕业后，他在该天文馆担任了几年的科学负责人。随后，他转行从事科学新闻工作，加入《焦点》月刊的编辑部，现在是该杂志的副主编。他已经出版了十几本普及读物，包括与玛格丽塔·哈克合作的《一切始于恒星》和《令人生畏的恒星》以及最近的《为什么他们说地球是平的》，后者的内容涉及地平说和科学方面的假新闻现象。但他并没有忘记行星的世界。2009 年，他创立了意大利行星协会，自 2012 年起担任该协会主席。

马西米利亚诺·拉扎诺

比萨大学的副教授，研究引力波物理学和高能天体物理学。在比萨大学获得物理学博士学位后，他在欧洲和美国度过了几个时期的学习和研究生活。他是室女座引力波天文台（Virgo）和费米伽马射线卫星大视场望远镜(Fermi-LAT) 合作的成员，他的研究兴趣集中在对宇宙中最极端的天体的研究，包括中子星和黑洞。他从小就对天文学充满热情，多年来他一直将研究和教学与密集的交流和科学传播活动相结合。他是科学记者，拥有费拉拉大学的新闻和科学传播硕士学位，多年来一直与包括《科学》和《共和报》在内的各种杂志报纸合作。

出 品 人：许　永
出版统筹：海　云
责任编辑：王庆芳
　　　　　方楚君
　　　　　杨言妮
责任技编：吴彦斌
　　　　　周星奎
特约编审：单蕾蕾
特邀编辑：杜天梦
装帧设计：张传营
印制总监：蒋　波
发行总监：田峰峥

发　　行：北京创美汇品图书有限公司
发行热线：010-59799930
投稿信箱：cmsdbj@163.com

官方微博　　微信公众号

小美读书会　小美读书会
公众号　　　读者群